KB240739

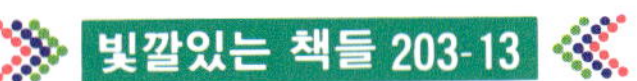
빛깔있는 책들 203-13

집 꾸미기

글, 사진/뿌리깊은나무

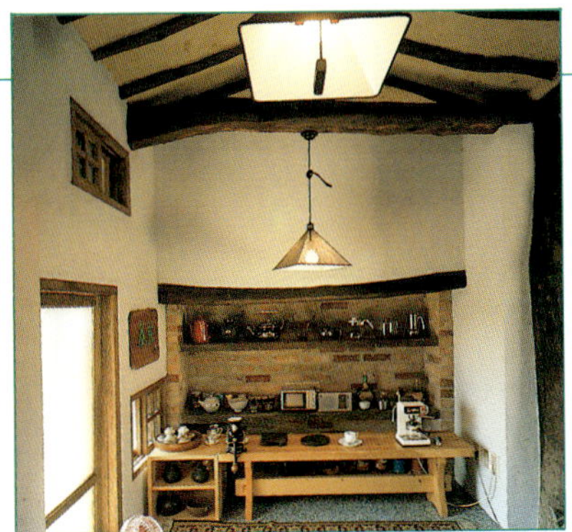

대원사

글/김미영(자유기고인)
　김인선(샘이깊은물 전 기자)
　김형국(서울대학교 환경대학원 교수)
　주남철(고려대학교 건축학과 교수)
사진/강운구(샘이깊은물 사진 편집위원)

집 꾸미기

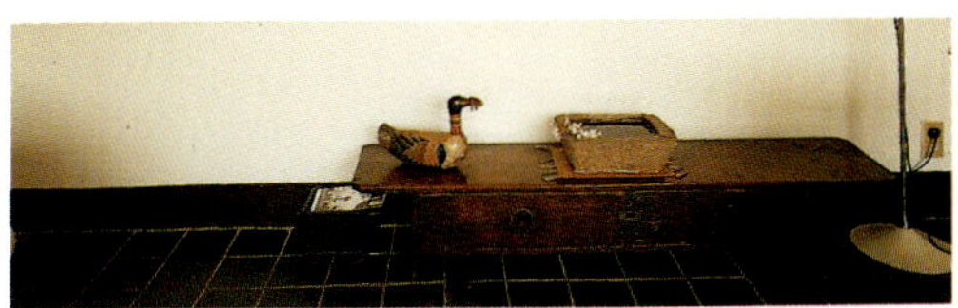

집 꾸미기

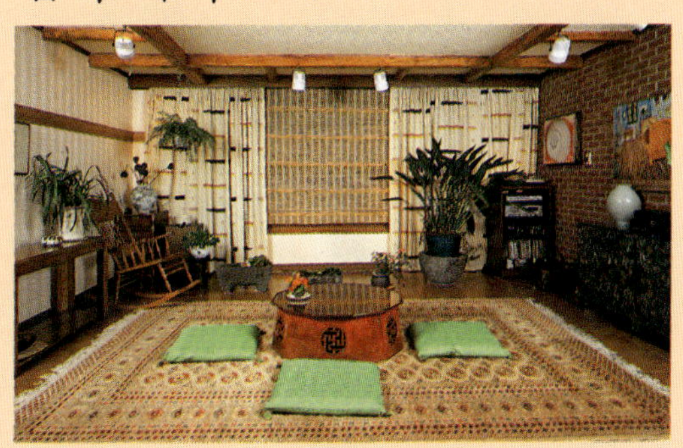

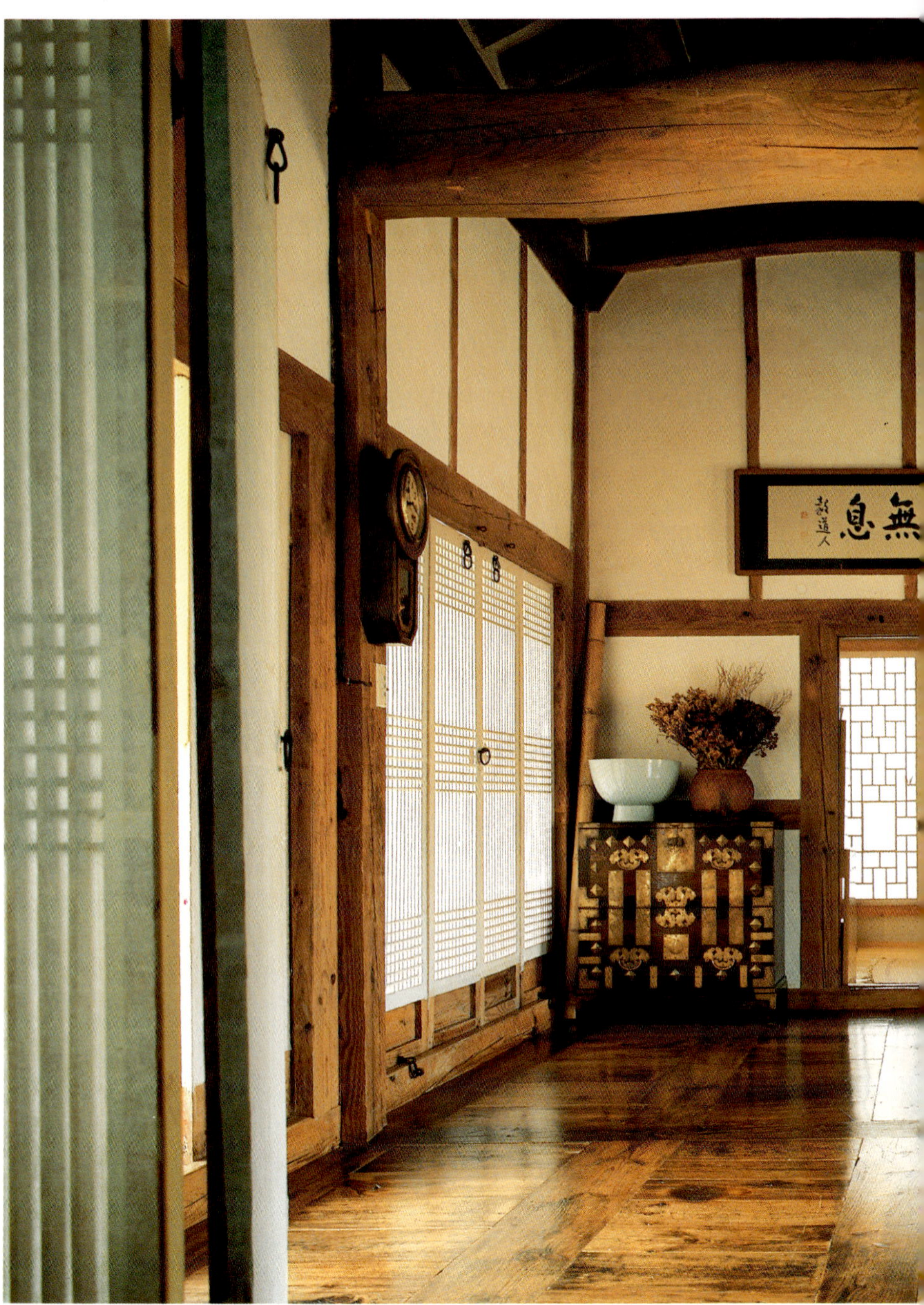

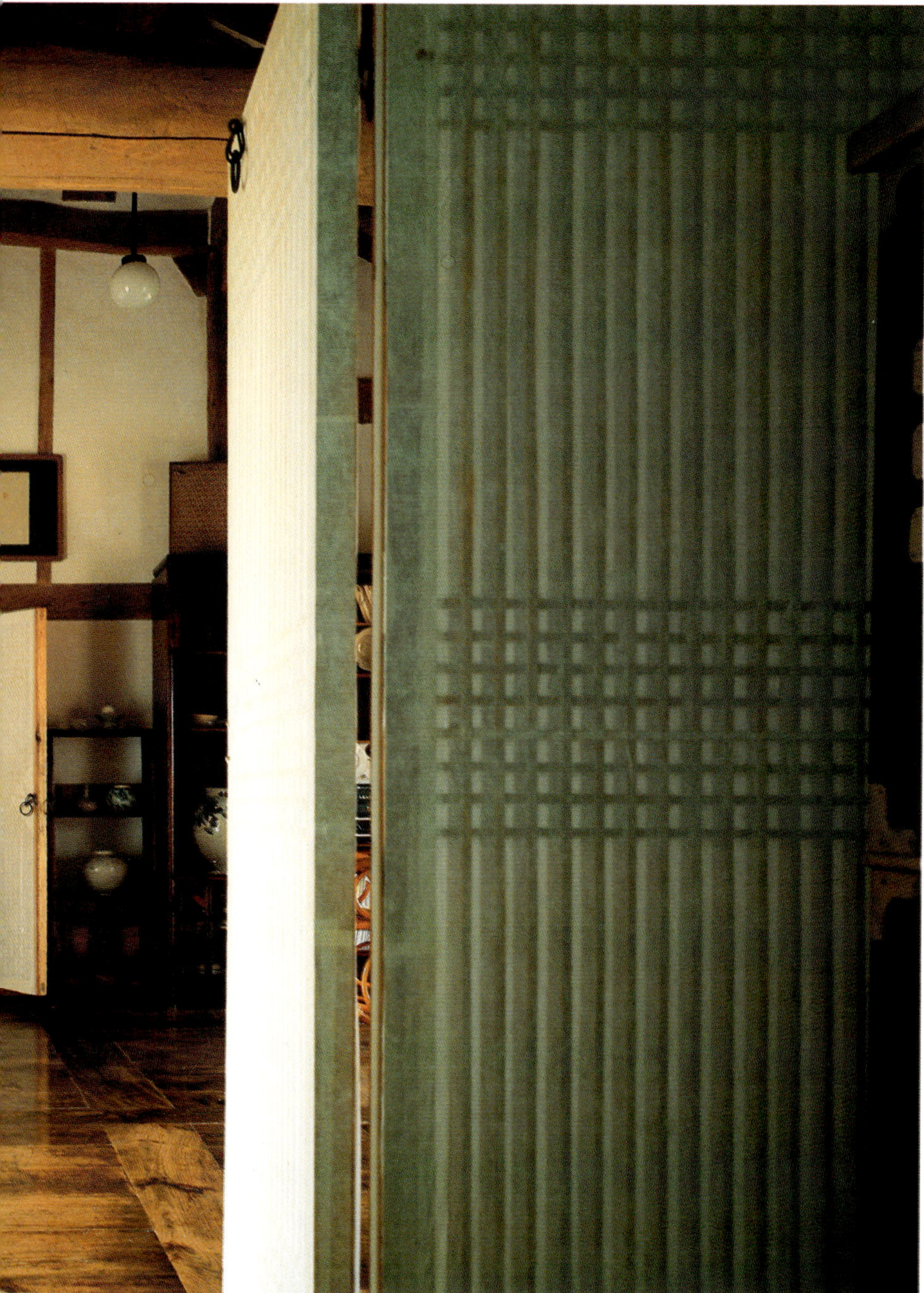

화가 서세옥 씨 집의 **사랑방**

　화가 서세옥 씨가 조선집을 제대로 지을 줄 아는, 이제는 오직 하나 남은 목수인 배희한 씨를 청해다가 창덕궁에 있는 연경당의 사랑채를 본떠서 빼어나게 아름다운 한옥 한채를 지었던 것이 지금부터 열해 전쯤의 일이다. "집을 지으려고 꽤 여러 군데를 돌아다녔어요. 그러다가 우연히 연경당엘 갔는데 홀딱 반해 버렸지 뭡니까? 배 목수도 처음에는 크고 장식도 많은 집을 짓는 게 낫지 않겠냐구 하더니만 거길 한번 가보구는 글쎄 홀딱 반하고 말았어요." 서세옥 씨의 부인인 정민자 씨의 이야기이다. 이렇게 홀딱 반해서 시작한 집인 만큼 들인 공과 정성이 이만저만한 것이 아니었다. 집을 짓는 동안에 관리인의 허락을 받아 가지고는 날마다 연경당엘 갔었다고 한다. 그런데 이 집의 주인들은 워낙 아무렇게나 빨리 지어 버리는 것을 매우 싫어하는 사람들이라 공사가 자주 끊기고 미루어질 수밖에 없었다. 게다가 배 목수 같은 솜씨가 아니면 엄두도 못낼 어려운 일인지라 곁꾼 둘만 데리고 일을 하다 보니 꼬박 세해가 걸렸다. 아무튼 드문 눈썰미와 드문 솜씨가 아름다운 집에 대한 드문 "고집"과 한데 어울려 빚어낸 집이 서세옥 씨의 집이라고 보면 된다.

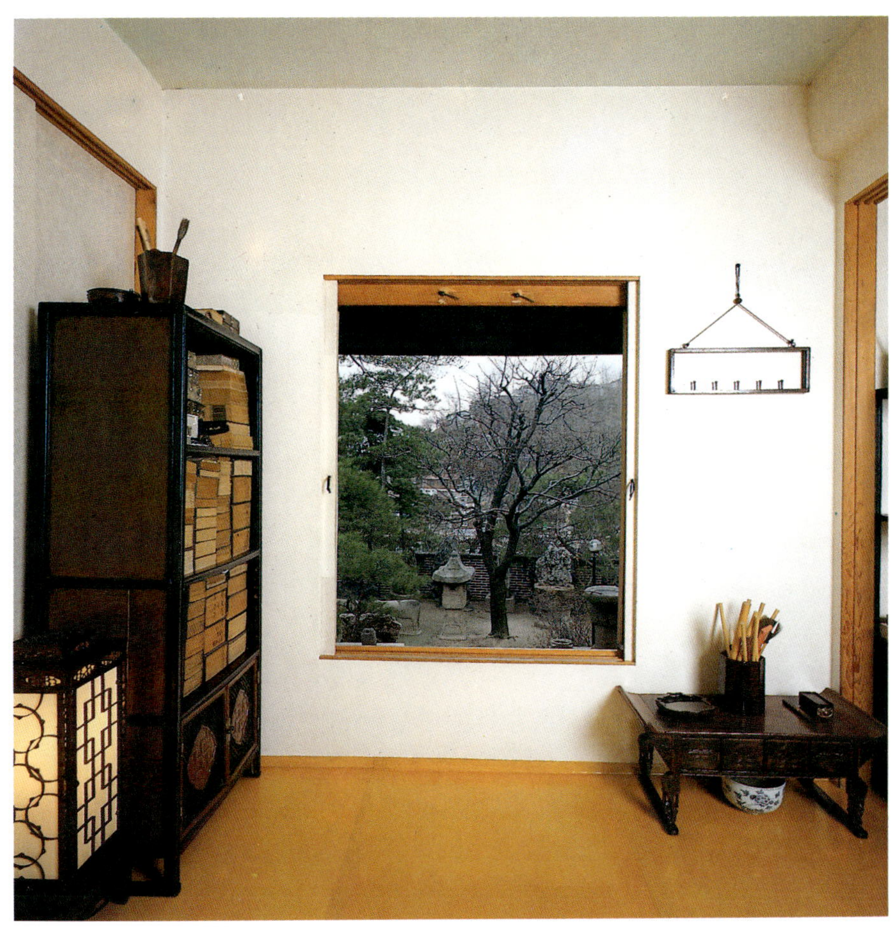

뜰의 풍경을 꼼꼼히 헤아려서 낸 쌍창. 왼쪽에 도장함과 한서들을 쌓아 놓고 필통과
지통을 올린 책탁자가 있고 오른쪽에 있는 경상 위에는 필통, 벼루, 문진, 연초함
들이 놓였다. 그 위에 걸린 붓걸이가 썩 간결하고 아름답다.

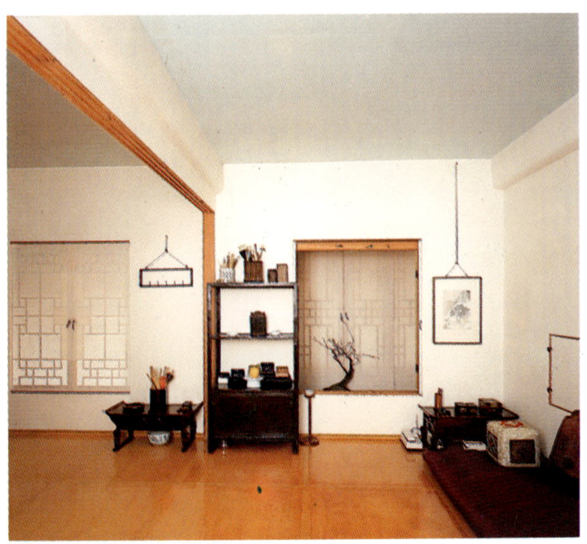

크고 작은 붓들이 꽂힌 지통이나 필통 그리고 벼루, 연적, 필세, 필가, 문진 같은 문방구들을 놓았다. 그 밖에 망건통, 네모 제기, 조선 자기들에 이르기까지 옛 물건들이 있다. 옛날 사대부의 사랑방 치레는 주로 이런 문방구로 했다.

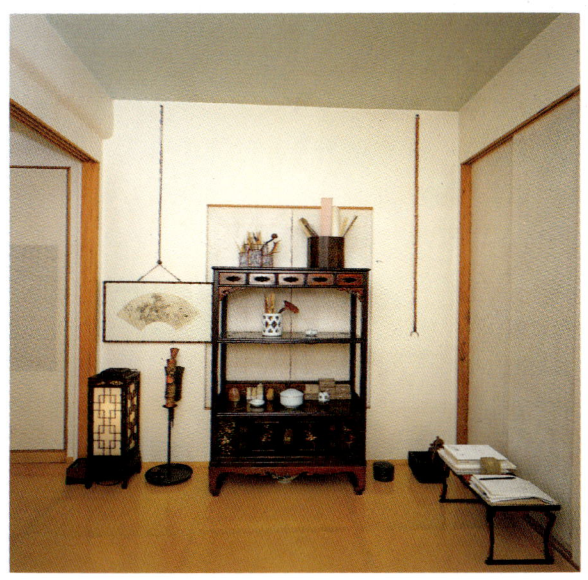

좌등, 첫날밤에 신방에 켜던 밀초가
꽂힌 촛대, 청나라 화가인 예욱정의
선화, 책탁자 들이 차례로 놓이거나
걸렸다. 아무렇게 놓인 것이라곤
하나도 없는 자연스런 깔끔함이
나타나 있는 방이다.

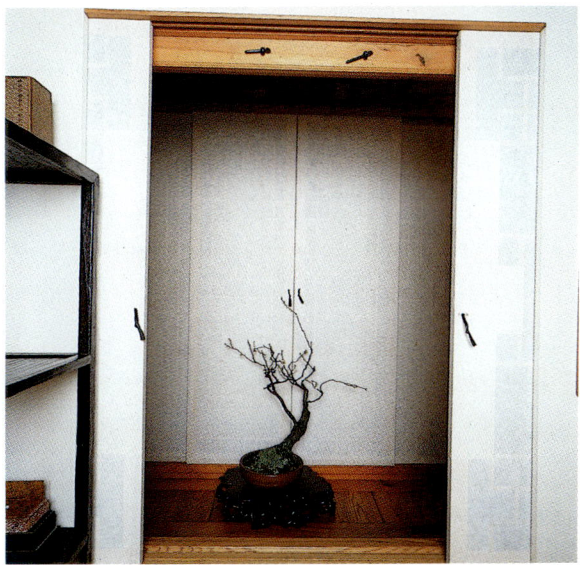

뒷방 쪽을 보면 열린 쌍창 뒤로
한폭의 동양화 같은 은은한 매화가
보인다. 날씨가 따뜻한 겨울은 섣달
이 되기 전에 꽃이 활짝 핀다. 이
집 주인은 이렇게 매화가 피면
친구나 제자들을 불러 "매화음"을
연다.

한일자 꼴의 사랑채는 모두 스물일곱평이다. 대청마루를 가운데 두고 오른켠에는 여름에 쓰는 누마루가 있고 왼켠에 사랑방이 있는데 다섯평이 채 못되는 작고 갸름한 방이다.

대청마루에서 팔모연창의 덧문과 아자문을 열고 안으로 들어간다. 왼쪽 벽에 뜰의 아름다움을 잘 내다볼 수 있도록 세심하게 배려를 한 쌍창이 나있다. 같은 벽에 꽃이 활짝 핀 매화분을 들여 놓은 두평 남짓한 뒷방으로 통하는 쌍창이 또 달렸다. 그 맞은편 벽에 있는 아자문을 열면 바로 세평 남짓한 곁방인데 여기서 서세옥 씨는 밤늦게까지 책을 읽는다. 거기에 다시 같은 넓이의 곁방이 이어지는데 이불장이나 옷장을 따로 두고 옷을 갈아입거나 때로는 잠을 자기도 하는 장방이다. 전체의 구조가 한옥의 특유한 아기자기한 장단을 느끼게 해 주는 짜임새이다.

방바닥은 두터운 여섯겹 장판지에 노랗게 치자물을 들여 콩기름으로 윤을 냈다. 구석에 진한 자줏빛 보료를 깔았는데 거기에 앉아 장침에 팔을 괴고 뒷방 쪽을 보면 열린 쌍창 뒤로 한 폭의 동양화 같은 은은한 매화 풍경이 보인다.

네 벽과 문들은 온통 하얀 닥지로 말끔하게 발랐다. "사랑방의 정수는 바로 이 농선 도배라고 해요. 어떤 색깔이나 무늬도 내서는 안 되지요. 그냥 한 가지로 하얗게 바릅니다." 간결하고 정갈하면서도 사심이 없고 넉넉한 벽의 기품에서 옛 선비들의 마음씨가 그대로 살아나는 듯하다. 여기에 창호지의 부드럽고 따뜻한 질감과 그리로 걸러 들어오는 빛의 갈피가 방안의 은은한 멋을 한결 더 깊게 해 준다. 대청으로 난 문의 맞은편에 있는 하얗게 텅 빈 벽에 먹줄을 그은 듯한 두 벽장의 어울림이 일품이다. 왼편에 누운 작은 네모꼴의 벽장문과 오른편에 선 커다란 네모꼴의 벽장문이 무쇠고리의 작은 동그라미와 어울려 이루는 구도가 단순하면서도 깊은 율동감을 자아낸다. 서세옥 씨는 옛날 사람들의 이 같은 솜씨를 매우 높이

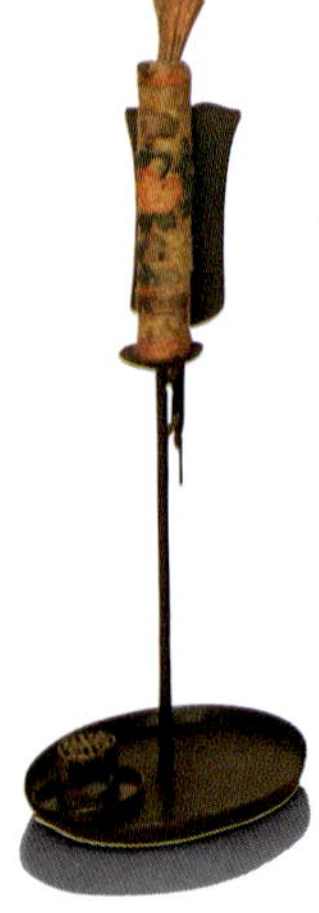

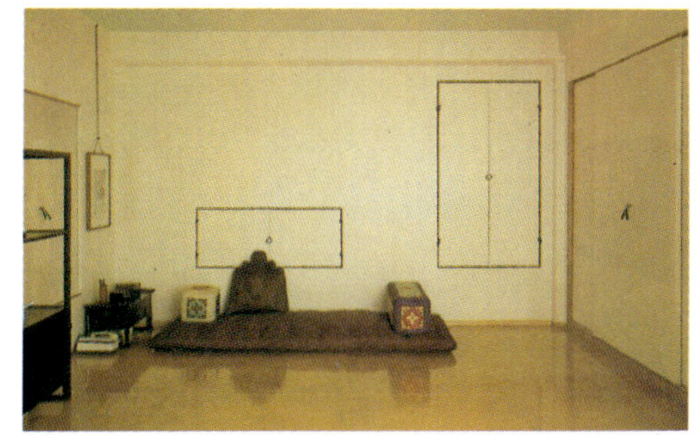

대청마루에서 바라본 사랑방. 옥색 물을 들인 천장과 두 벽장의 반듯한 금과 무쇠고리의 어울림이 볼 만하다. 왼쪽의 쌍창 너머로 매화 화분이 놓인 뒷방이 있고 오른쪽의 아자문을 열면 바로 곁방 둘이 이어진다.

친다. "이 벽장을 만들 때에 여간 신경을 쓴 게 아녜요. 이제는 이런 절대치수를 아는 목수가 없어요. 문을 보세요. 저런 것들 하나 하나에도 그 절대치수가 있습니다. 비대하지도 않고 마르지도 않으면서 방과 자연스럽게 어울리지 않습니까? 이것이 옛 사람들의 삶이고 멋이었습니다."

물을 들여 다림질을 한 옥색 한지의 천장이 눈길을 끈다. "사내들이 하늘을 보듯 보고 청운의 뜻을 기르자는 뜻에서 옛날에는 천장에다 이렇게 옥색을 입혔다구 해요." 여기에 조선 시대의 단아한 고가구들 곧 책탁자와 경상 그리고 화로, 촛대, 좌등 따위의 작은 세간들이 어우러진다. 벽장이 달린 벽을 빼고는 벽마다 책탁자가 하나씩 붙어 있는데 옻을 몇겹으로 덧칠을 해서 늦봄의 오디처럼 붉다 못해 검은 빛깔이 방바닥과 벽과 천장의 담담한 색조와 만나 제격이다. 거기에 크고 작은 붓들이 꽂힌 지통이나 필통 그리고 벼루, 연적, 필세, 필가, 문진 같은 문방구들을 놓았다. "사대부 집의 사랑방 치장에는 거의 문방구로 했어요. 문방구가 매우 중요했지요. 저 붓걸이도 거기에 들지요" 하는 이 집 주인의 사랑방에는 그 밖에 망건통, 유병, 모과를 담은 하얀 네모 제기, 조그마한 조선 자기 들에 이르기까지 여러 가지 옛 물건들이 있으나, 도대체 아무렇게나 놓인 것이라곤 하나도 없다. 그것뿐일까? 벽에는 까만 못이 박혀 있다.

“아무렇게나 박아 둔 게 아닙니다. 물론 무언가를 걸기 위해서 박아 놓은 것이지만 방안에 있음 직한 어떤 액센트를 고려한 겁니다.”

그러나 무엇보다도 이 방의 아름다움은 이런 철저하고 꼼꼼한 마음씨가 배어 든 데에 있다. 어느 구석도 억지로 꾸미거나 으스대거나 무얼 강요하는 마음으로 차린 낌새가 없고, 군더더기라곤 하나도 없으며 그 안의 모든 것이 소박하고 자연스럽게 서로 어울린다.

우리나라는 이제 한반도 사람들이 몇천년 동안에 걸쳐 궁리해서 완성시킨 집짓는 법을 너무 많이 잊어 버렸다. 일제 시대를 겪고 육이오를 치르면서 분별없이 신식 좋아하거나 살기에 허둥대다 못해 그랬다고들 한다. 한옥의 아름다운 선과 빛깔, 넓이와 높이 그리고 그 안에서 익힌 생활 감정까지를 거의 죄다 까먹고 말았다. 잘못하면 골동품 수집가나 심미가 들의 회고거리가 될 판이다. 그 점을 두고 서세옥 씨가 말했다. “전통적인 감각을 되살려냈으면 좋겠어요. 어떻게 시청각 교육 같은 것이라도 해서 말입니다. 전통이라는 것이 어디 멀리 있는 것이라고 생각하는 풍토가 문제예요. 얼마든지 현대적으로 응용하고 적용할 수 있는 것인데.” 하기야 모든 사람이 옛날 집을 그대로 지을 수는 없는 노릇이다. 서세옥 씨 자신도 모든 사람들이 이녁처럼 한옥을 짓고 살 필요는 없다는 것을 잘 안다. 문제는 전통을 현대적으로 연결해 나가는 생각이 있어야 한다는 것이다.

서세옥 씨의 사랑방을 처음 방문한 사람 가운데는 그 “예스러움”에 얼마쯤 주눅이 들 사람도 있을 법하다. 그러나 그런 사람이라 할지라도 서세옥 씨의 사랑방에 들어가 두어 시간쯤 앉아 있노라면 그 방의 그윽함과 편안함이 단순히 “예스러운” 것만이 아니라는 사실을 틀림없이 깨닫게 될 것이다. 검약스럽고 세련되게 예스러움은 어지럽게 현대적인 것보다 훨씬 더 현대적임을 느낄 수 있을 것이다.

안정남 씨 집의 **거실**

지난 팔십년에 안정남 씨 내외가 십몇년 동안의 외국 생활을 마치고 돌아오면서, 살 집으로 명륜동의 한옥을 선택하고 어떻게 생활하기에 쉽고 편하도록 고칠 것인가를 궁리했다. 그리하여 한옥 골격에 실내는 양옥인 절충식 한옥이 태어났다. 대청을 거실로 잡고 안방을 내외가 쓰는 침실로 하면서, 안방의 일부와 다락을 터 목욕탕을 만들었다. 그 옆의 부엌은 바닥을 돋우고 시스템 키친으로 하여 네 식구용의 자그마한 식탁 세트도 마련하였다. 사실 집 안에 들어서면 한옥이라기보다는 양옥이라고 해야 할 법한 집이 되어 버렸지만, 집의 뼈대를 이루고 있는 나무라는 소재는 정말 해를 거듭할수록 정이 든다고 한다. 이사온 뒤로 이삼년에 한번 꼴로 하얀 회벽과 나무에 새로 칠을 해 주는 것말고는 별다른 손질을 한 것이 없지만 나무로 지은 집이라는 것이 뜻밖에도 질기고 또 유행이라는 것과 관계가 없어서인지 "낡은 집"이라는 느낌이 전혀 안 든다. 이 집은 해방 전에 지은 집이라고는 하나 믿어지지가 않을 만큼 "새 집"이다. 건축 양식이나 자재로 보아 육이오 전후의 집 같기도 한데, 그렇다 하더라도 같은 시대에 지은 양옥에 견주면 놀랄 만큼 견고하다.

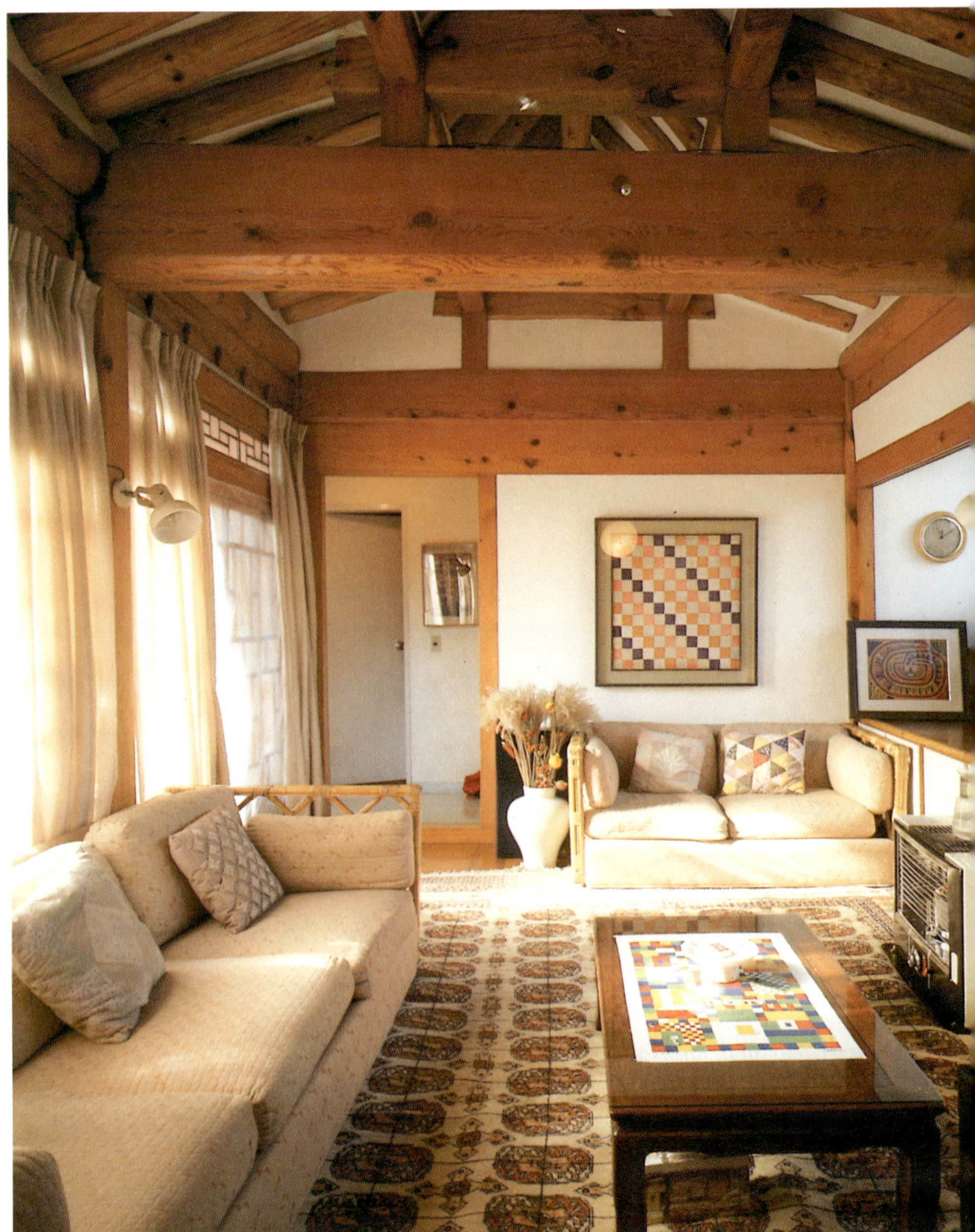

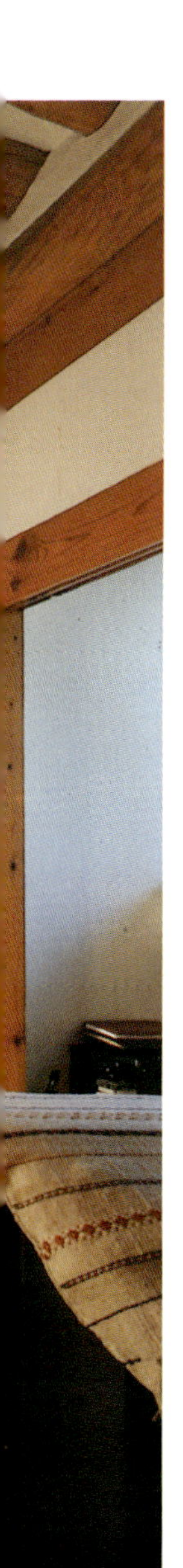

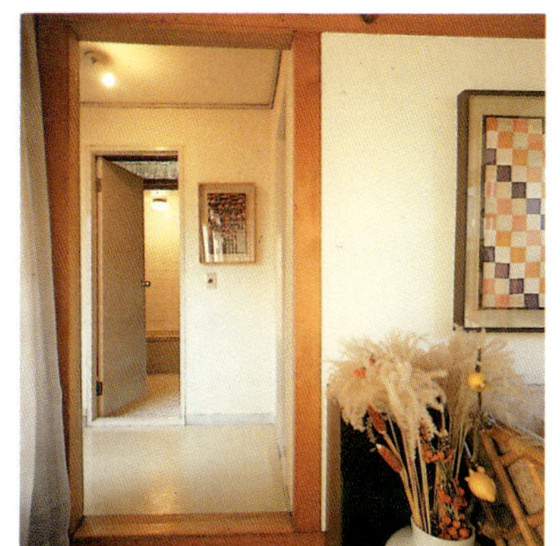

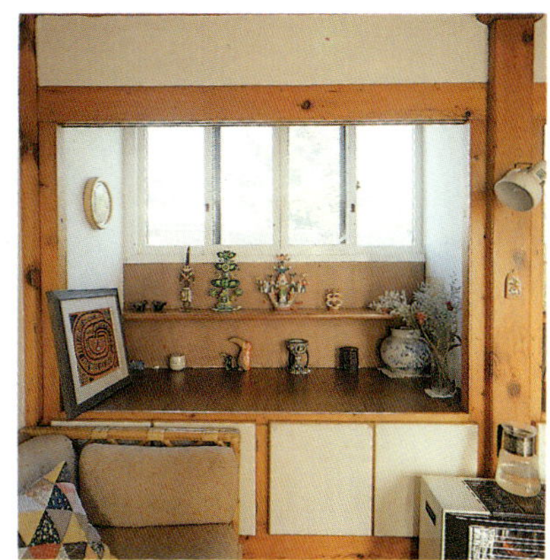

거실에 놓인 세간들이 어떤 흐름을 가지고 한데 어우러져 혼자서 돋보이거나 도드라지지 않는다. 등나무와 연한 팥색 커버로 된 응접 세트가 한옥의 주된 자재인 나무와 잘 어울려 따뜻한 느낌을 준다.(옆)
거실에서 안방 쪽으로 가는 문에서 찍었다. 안방의 일부와 다락을 터 만든 목욕탕이 살짝 엿보인다. 액자에 넣어 걸어 둔 바둑판 무늬의 보자기는 친정 어머니께서 손수 만들어 쓰시다 남기신 "내력있는" 물건이다.(왼쪽)
거실의 한쪽을 찍었다. 창 아래에 수납장을 만들어 자잘한 것들을 간수하게 하였다. 조그마한 장식품들도 흙으로 빚어 구운 토기들이니, 거개가 사람 손맛이 나는 것들이다.(오른쪽)

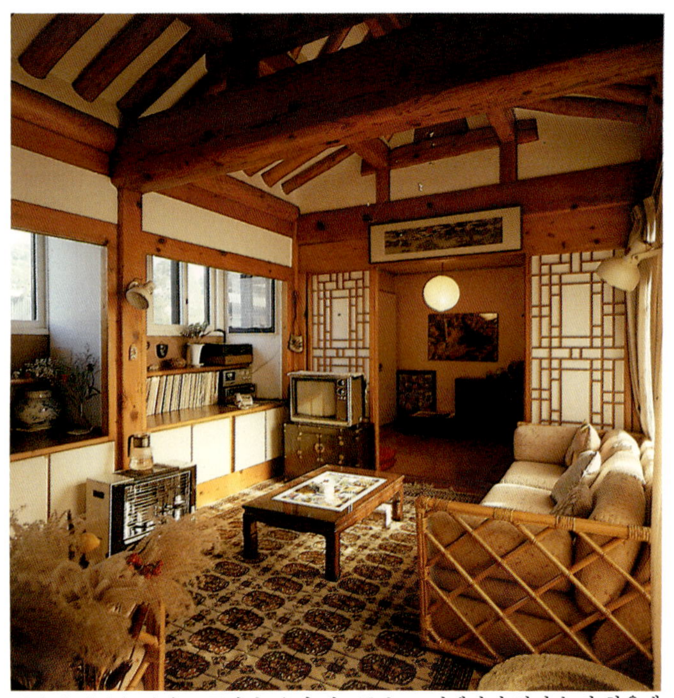

한옥의 대청을 거실로 꾸몄다. 응접 세트를 놓고 카펫마저 깔아 놓아 한옥에
고유한 대청마루의 멋은 사라졌지만, 미닫이 문의 창살이나 서까래에서 한옥
이 주는 정겨움을 흠씬 느낄 수 있다.

건넌방은 거의 문을 열어 놓은 채로, 연장된 거실처럼 쓰고 있
다. 북쪽의 벽면 한쪽을 막아 문을 달아붙이고 붙박이장으로 만들어
버렸기 때문에 방이 다소 작아지긴 했지만, 반닫이와 삼층장, 문갑
들의 세간으로 사랑방의 분위기를 내어 보려고 했고 완전히 분리시
키기보다는 거실로 쓰고 있는 대청의 한 부분처럼 쓰고 있다.

거실에는 우선 "식구들을 한 곳으로 불러 모으기 위해" 부득이
텔레비전 수상기를 놓았다. 의자 생활에 익숙하다 보니 자연히 응접
세트가 등장하였고 겨울에는 카펫마저 깔아 놓아 한옥에 고유한

대청마루의 멋은 사라졌지만, 식구들이 모여 편안하게 시간을 보내고 손님을 맞기에도 적당한 장소로 가장 많은 사람이 가장 많은 시간을 보내는 방이 되었다.

양옥의 거실처럼 꾸민 이 한옥 대청은 색다르긴 하다. 그러나 그렇게 어색한 느낌은 덜하다. 아마도 거실 세간의 자재가 거의 다 손으로 만들었거나 천연에 가까운 재료로서 차가운 느낌을 주는 것이 없고, 또 모든 세간이 어떤 흐름을 가지고 한데 어우러져 혼자서 돋보이거나 도드라지지 않기 때문인 듯하다. 이를테면 응접 세트는 등가구인데, 나무라는 소재와는 다툴 수가 없거니와 커버의 색도 강렬한 것을 피하고 연한 팥색으로 하여 부담을 안 준다. 또 소파에 늘어 놓은 패치 워크, 곧 작은 천 조각을 이어 만든 쿠션은 "이 집에는 손때 묻은 물건밖에는 어울리지 않는다"고 시어머니가 손수 만들어 준 것이다. 액자에 넣어 벽에 걸어 놓은 바둑판 무늬의 보자기 또한 친정 어머니가 손수 만들어 쓰다 남기신 것인데 굳이 그런 대물림의 내력을 모른다 하더라도 보는 이로 하여금 따뜻함을 물씬 느끼게 하는 물건들이다. 외국 여행을 하면서 구입한 기념품들도 흙으로 빚어서 구워 만든 토기들로서, 가만히 살펴보면 거개가 사람 손을 거친 물건들이다.

한옥에 살다 보니 자재가 주는 따뜻함말고도 프라이버시가 꽤 잘 지켜진다는 장점이 있다. 이를테면 ㄷ자형이거나 ㅁ자형이거나 ㄱ자형이거나, 우선 대문 안에 들어서면 한옥이라는 구조는 남의 집에서 내부가 빤히 들여다보인다거나 하는 일이 없다.

한옥의 불편함을 들자면, 그 첫째가 겨울에 좀 춥다는 것이다. 웬만큼 추운 날에는 문틈으로 들어오는 찬바람도 도리어 상쾌하게 느껴지지만 대청같이 난방이 안 되는 곳은 사실 집의 중심이면서도 식구들이 모이는 곳이 되질 않는다. 앞뒷집에 이층 양옥이 들어서기 전만 해도 햇살 덕을 톡톡히 보았지만 전처럼 대청의 구석 끝까지

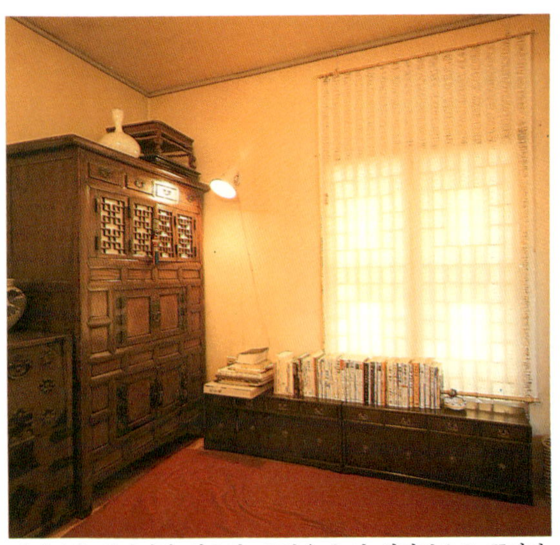

건넌방을 반닫이와 삼층장, 문갑을 놓아 사랑방으로 꾸몄다. 완전히 분리시키기보다는 거의 문을 열어 놓은 채로, 연장된 거실처럼 쓴다. 아담한 목기들이 이 집 주인의 눈썰미를 말해 주는 듯하다.

해가 비치질 않게 되어 아쉽다.

또 하나 흠이 있다면 옷을 걸어 두거나 정리해 둘 만한 벽장이 없다는 것인데, 이미 말한 대로 한 벽면에 천장부터 바닥까지 문을 짜 만들어 붙박이식 장으로 해버렸더니 방이 좁아지긴 했어도 장롱을 놓았을 때보다 도리어 벽이 연장된 것처럼 느껴져서인지 방이 덜 비좁아 보이는 듯하다.

고등학교와 국민학교에 다니는 두 아이들도 몇년째 살아 오면서 알게 모르게 자연의 숨결과 사람의 손길이 곳곳에 스며든 이 집의 따스함이 몸에 밴 모양인지 곧잘 "우린 이 집에서 이사가지 말자"고 한다.

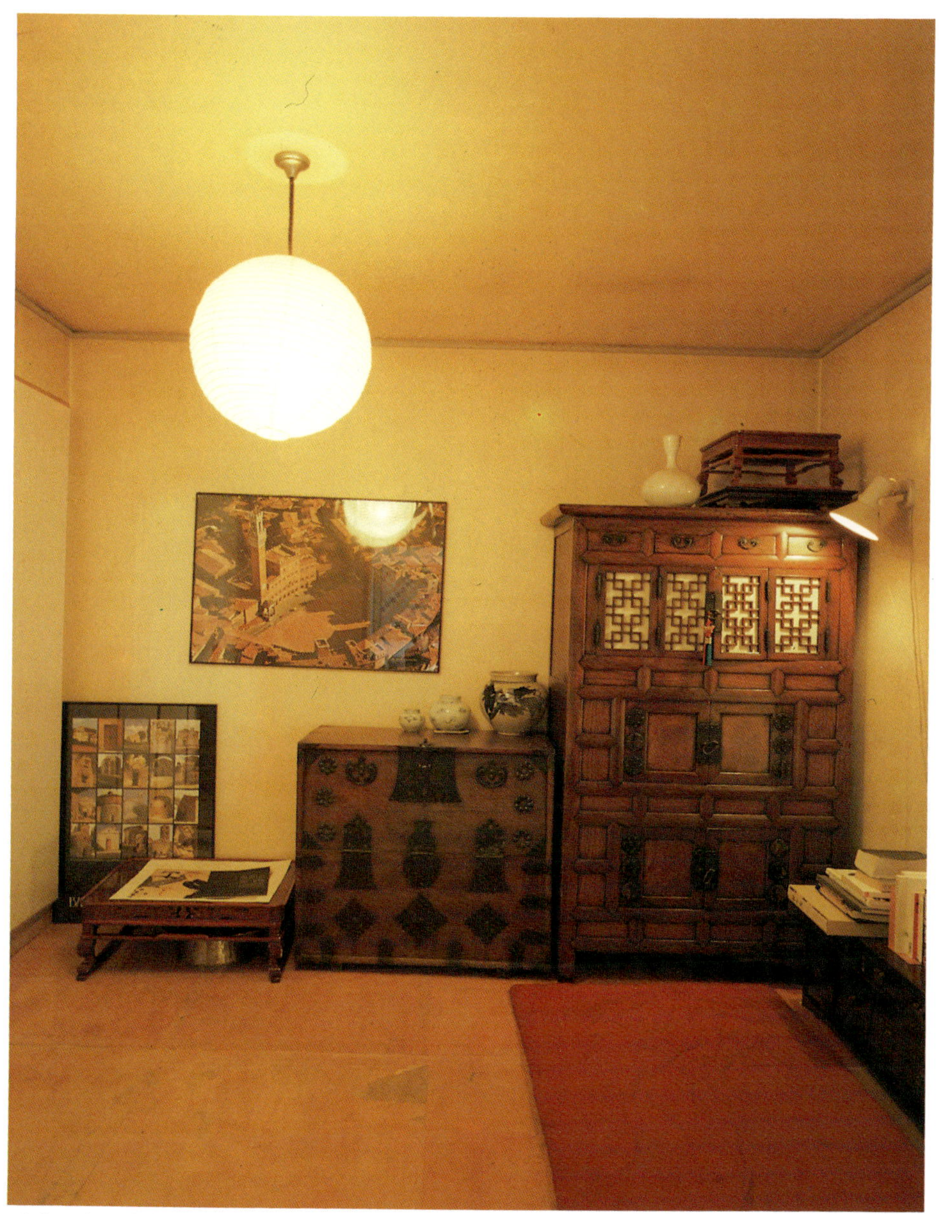

거실 쪽의 문에서 사랑방이 한눈에 들어오게 찍었다. 옷을 걸어 두거나 정리해 둘 만한 벽장으로 한 벽면에 천장부터 바닥까지 문을 짜 만들어 붙박이식 장으로 해버렸더니 방이 좁아지긴 했어도 벽이 연장된 것처럼 느껴져서인지 두평밖에 되지 않는 방이 그리 좁아 보이지 않는다.

임히주 씨 집의 **거실**

사월과 오월은 한해에서 임히주 씨가 거실에서 보내는 시간이 가장 많은 때이다. 사월 중순에 접어들면 거실 창 밖으로 내다보이는 앞산에 개나리, 진달래가 노란빛, 분홍빛 띠를 이루고 오월 초순에 걸쳐 산벚꽃이 갖가지 분홍빛으로 산중턱을 온통 뒤덮을 즈음이면 창틀 안에 들어오는 앞산의 봄 풍경은 그야말로 한 폭의 그림이기 때문이다.

대문을 열고 들어서서 현관에 이르기까지 계단을 오르는 길에 파벽돌로 쌓은 축대가 자그마한 화단의 층을 이루고 있다. 그 화단에 뜸뜸이 놓여 있는 동자상이나 물확, 작은 화대 같은 돌들 하나하나가 주인의 예사롭지 않은 눈썰미의 심사를 거친 물건들임을 이내 알 수 있다.

거실 구석구석에 놓여 있는 골동품 또한 값의 높낮음을 떠나 모두가 빼어난 눈썰미와 정성으로 모아진 물건들임을 느낄 수 있다. 섬세하고 여성스러운 그의 성격 그대로 임히주 씨가 수집한 물건들은 대개가 얼핏 보아서는 그 정교한 아름다움과 멋을 알 수 없는 조그맣고 눈에 띄지 않는 것들이다. 사실 그가 이십년 가까이 모아

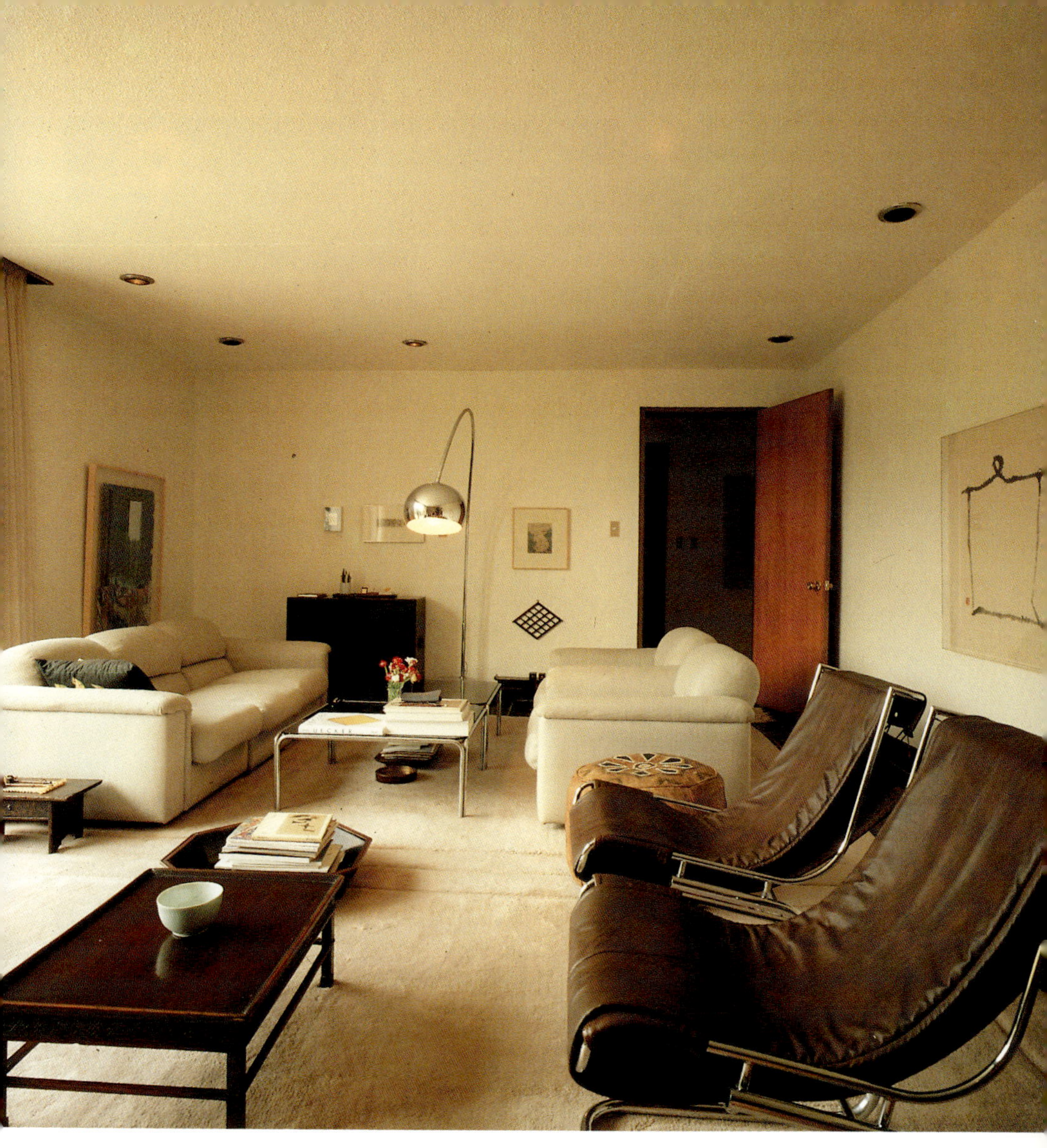

거실에는 꽤 많은 물건들이 놓여 있는 듯하지만 실제로는 무척 간결해 보인다. 물건들 거개가 자그마하고 공통된 색상과 주제를 가진 것들이라 그런지 구석구석이 부담 없이 한눈에 들어와 차분하고 편한 느낌을 준다.

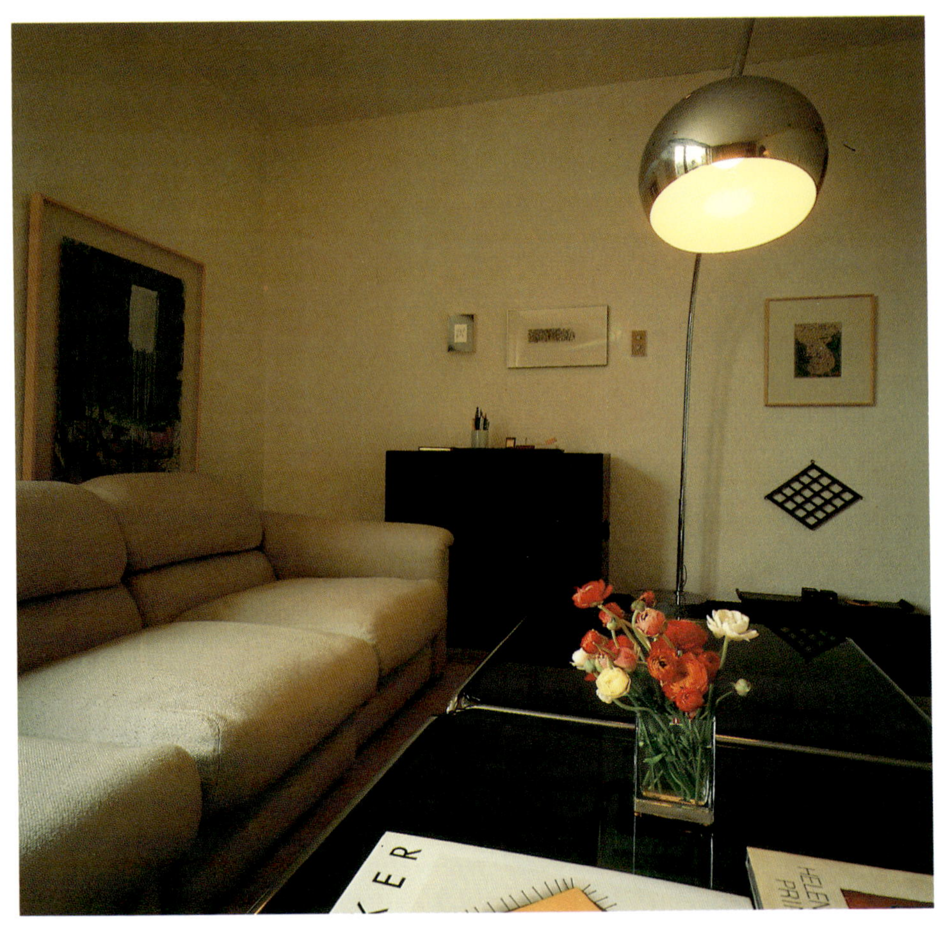

거실 구석구석에 놓여 있는 골동품들은 값의 높낮음을 떠나 모두가 빼어난 눈썰미와
정성으로 모아진 물건들임을 느낄 수 있다. 그런 것들과는 좀 색다르게 눈에 띄는
것이 거실 탁자 위에 놓인 이름모를 꽃이다. 그 태깔이 하도 고와서 앞산의 풍치보다
도 큰 즐거움을 준다. 이렇게 작지만 아름다운 것들의 귀함과 고마움을 다들 함께
나누지 못하는 것이 안타깝기까지 하다고 한다.

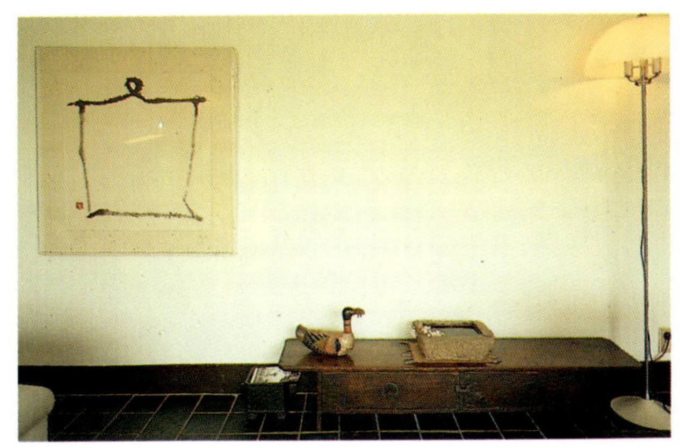

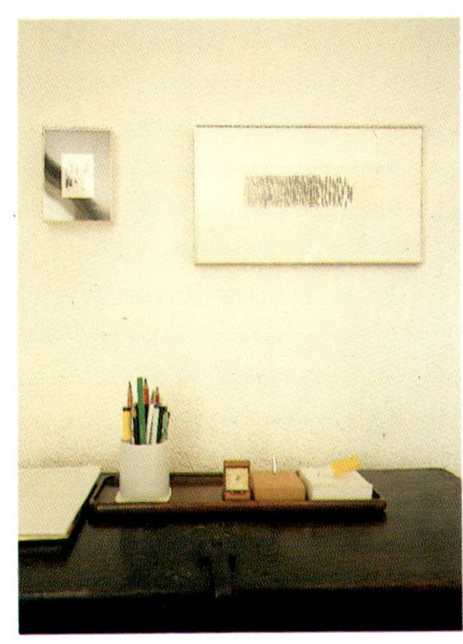

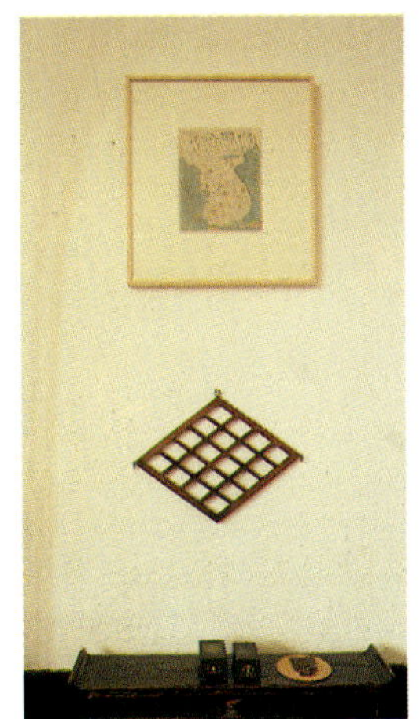

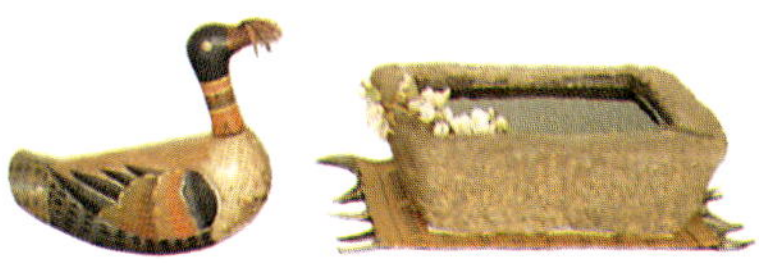

거실 창 앞에 놓은 미끈하게 빠진 오동나무 서안은 눈썰미 있다는 사람은 다들 탐내
는데 이것은 아현동의 한 허름한 가게에서 거의 버려져 있던 것을 들여다 놓은 것이
다.(위)
거실의 한쪽 벽에 갈라진 틈과 얼룩을 감추기 위해 그림을 몇점 걸었다. 자그마한
판화 두개와 지도, 붓걸이 들로 살짝살짝 가려 놓았다.(아래)

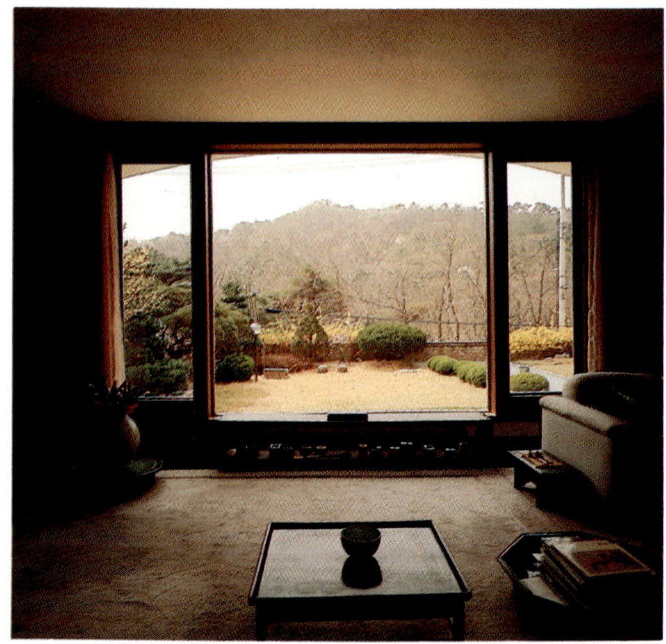

거실에 들어와 안긴 뜰과 앞산이 한데 어우러져 집 안팎이 마치 이어진 듯한
느낌을 준다. 앞산은 철철이 그대로 그이의 정원 노릇을 해 준다.

온 골동품이나 민속품에 가구라 할 만큼 덩지가 있는 물건은 반닫이
나 책상, 문갑, 서안 몇개쯤이고 그 밖의 것들 대부분은 그가 열심히
모을 때만 해도 아무도 관심을 주지 않았던 소품들이다. 자그마한
목기들말고도 먹통이며 필세, 휴대용 벼루, 연초함 들에서부터 노리
개, 비녀, 첩지, 뒤꽂이 같은 여자들의 장신구, 공들인 자수 조각이
며, 유병, 분합 같은 여자의 섬세한 눈만이 고를 수 있는 아기자기하
고 앙증맞은 물건들이 이제는 꽤나 모였다. 진정한 수집가들이 으레
그러하듯이 임히주 씨도 공들여 모은 물건들이 뒷날 가격이 오를
것이라고 기대하거나, 재산 목록의 일부로 생각해 본 적은 결코
없다. 다만 "그 예쁜 것들을 가까이서 두고두고 보고 싶은 마음
때문에" 하나, 둘 집어오다 보니 어느새 수집가가 되어 버렸다.

　보통 아닌 안목으로 고른 물건들을 진열한 솜씨도 또한 보통이
아니다. 물건을 고를 때의 섬세함이 그것들을 장식하는 데에도 그대
로 드러난다. 조그만 물확에 띄워 놓은 벚꽃나무 가지며 군데군데
놓여 있는 작은 서안 위에 한두개씩 진열한 조그만 자기나 공예품들
이 눈에 띌락말락 수줍은 듯이 놓여 있다. 거실의 한쪽 벽에 갈라진
틈과 얼룩을 감추기 위해 그림을 몇점 걸었다. 다른 사람 같으면
그저 큼직한 그림 한두개로 간단히 해결했을 것을 임히주 씨답게
자그마한 판화 두개와 지도, 붓걸이 들로 살짝살짝 가렸다.

　거실에는 꽤 많은 물건들이 진열되어 있는 듯하지만, 실제로는
무척 간결해 보인다. 물건이 너무 많아 복잡하다거나 어수선한 느낌
이 없이 깔끔하게 정돈되어 있다는 것이 거실에 오래 있으면 있을수
록 받는 인상이다. 물건들 거개가 자그마하고 공통된 색상과 주제를
가진 것들이라 그런지 이 구석 저 구석에 꽤 가득한 장식품들이며
가구가 한눈에 들어올 때는 전혀 부담스럽지가 않고 간결하게 여겨
지기만 한다.

연극인 이병복 씨 집의 **거실**

연극인 이병복 씨와 서양화가인 그의 남편 권옥연 씨의 집은 장충동에 있다. 일제 시대 때에 총독부의 한 고위 관리가 삼년에 걸쳐 지은 것이라고 한다. 천구백륙십이년에 이사온 뒤로 좀 손을 보긴 했지만, 도배나 칠쯤밖에는 큰 수리를 한 적이 없다. 기와를 바꾸고 벽을 새로 칠해 겉으로 보아서는 "멀쩡한" 양옥이지만 내부는 다다미가 온돌로 바뀌었을 뿐이지 지었을 때의 모습 그대로이다. 사실 지난해까지도 연탄을 때었었다. 온돌방의 연탄 아궁이밖에 집에 붙은 난방 장치라곤 없었다. 하루에 서른장에 가까운 연탄을 갈아야 하니 온 식구가 여름을 빼곤 늘 "연탄불 비상"에 신경을 곤두세워야만 했다. 버티다, 버티다 드디어 지난해에 보일러를 들여 놓고 연탄 걱정을 덜게 되었다.

"요즈음 이렇게 궁상맞은 집에 사는 사람이 어디 있습니까. 모두들 편리 위주로 아파트며 양옥에 깔끔하게들 해놓고 있지만, 목조 건물이라는 게 살면 살수록 정이 든다고 할까, 식구 같은, 몸의 한부분이 되어 버린 것 같은 느낌이 들어 헐어 버릴 수도 없고 떠날 수도 없어 이날 이때껏 이렇게 눌러 앉아 있지요." 이병복 씨의

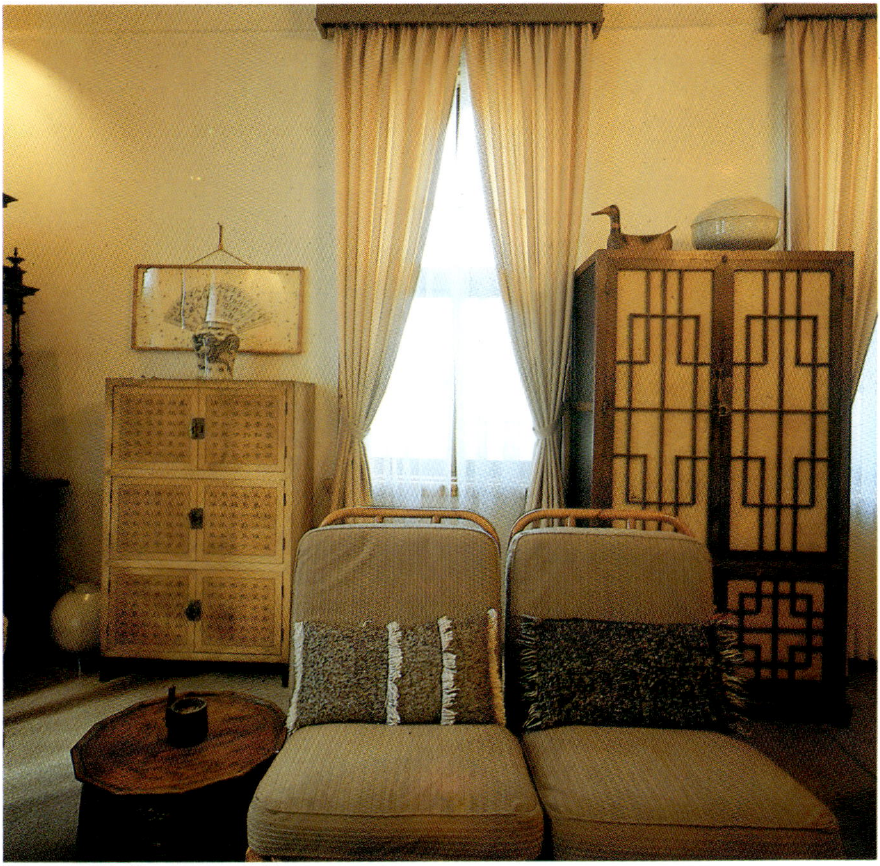

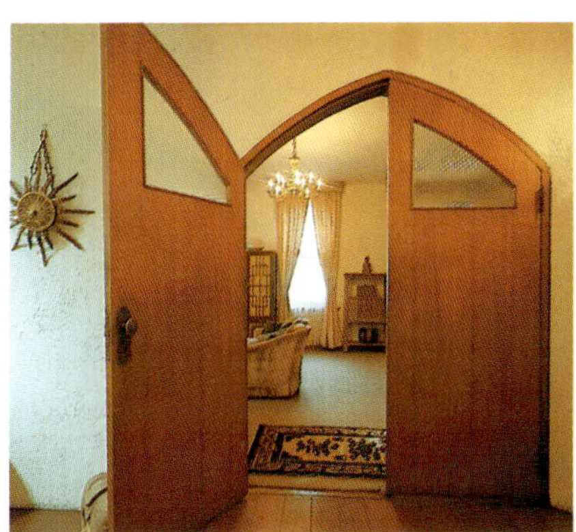

이병복 씨와 권옥연 씨 내외는 이름난 골동품 수집가이다. 골동품이 그야말로 고물 취급을 받던 시절부터 사십년 가까이 "버려진 아이들을 보살피는 심정"으로 모았다고 한다.(위)
이병복 씨 내외의 집은 겉으로 보아서는 "멀쩡한" 양옥이지만 내부는 다다미가 온돌로 바뀌었을 뿐이지 일제 시대 때에 지은 살림집 그대로의 모습을 간직한 목조 건물이다. 이런 목조 건물은 살수록 정이 들어 몸의 한부분이 되어 버린 듯한 느낌이 드는 집이다.(왼쪽)

거실을 중심으로 방들이 둘러 있는
아파트나 양옥의 구조와는 달리 좁은
복도를 사이에 두고 양옆으로 방이
들어서 있어 실내가 꽤나 어두운 편이
지만 거실은 조용하고 아늑한 시간을
즐기는 이 집 내외에게는 마음을 편안
하게 해 주는 더없이 소중한 공간이
다.

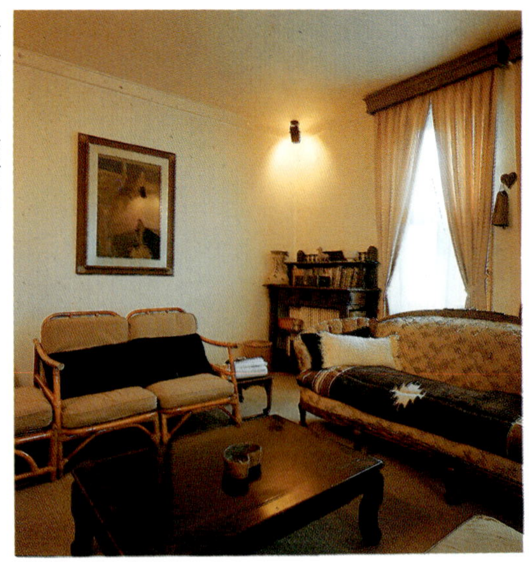

말대로 사실 이젠 일제 시대에 지은 살림집은 보기가 힘들다. 이
집은 특히 그 때에 서양식으로 지은 집으로 몇몇 방은 천장의 높이
가 삼 미터가 훨씬 넘는다. "익숙치 않은 사람에게 좀 섬찟한 첫인
상을 줄지도 모르지만, 저희는 이제 와서 아파트나 양옥으로는 도저
히 나갈 수가 없을 것 같아요. 꼭 남의 옷 빌려 입은 것 같은, 내
집 같지 않은 느낌만 들 것 같구요. 이 집은 목조라 그런지 벽이
숨을 쉬고, 꼭 살아 있으며 말없이 지켜 보고 있다고 할까 참 묘한
존재입니다."

대부분이 거실을 중심으로 방들이 둘러 있는 아파트나 양옥의
구조와 달리 좁은 복도를 사이에 두고 양옆으로 방이 들어서 있어
실내가 꽤 어둡다. 더구나 요즈음처럼 벽 한면을 온통 유리창으로
한다거나 창문을 크게 내어 실내가 늘 밝고 거의 해가 바라다보이게
되어 있는 집에 익숙한 사람에겐 여간 침침한 게 아니다.

세 남매도 모두 독립하여 나가고 두 내외만이 큰 집에 덜렁 남게

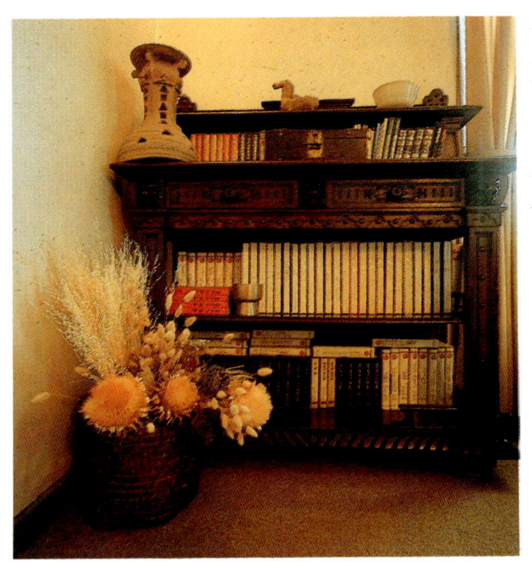

권옥연 씨가 프랑스 유학 시절에 파리의 골동품 시장에서 사다 쓰던 책장이다. 우리의 골동품인 책장, 사방탁자 같은 것들과도 자연스럽게 어울리는 그이의 거실을 보고 있노라면 마치 시간과 공간을 초월한 아늑한 세계를 보는 듯하다.

되자, 어머니가 늘 집 치다꺼리 때문에 쓸데없이 성가셔하는 것을 잘 알고 있는 "아이들" 뿐만이 아니라 주위에서도 아파트나 자그마한 집으로 이사해 가서 이젠 좀 편하게 살아보라고 공연히 딱해서 야단들을 한다. "아이들은 태어나자마자 내내 이 집에서 산 거나 다름 없지요. 가끔 불평을 늘어놓긴 했지만, 저희들도 이 집의 색다른 멋과 이런 집만이 줄 수 있는 따뜻한 추억들을 그 나름대로 소중히 간직하고 있는 모양이에요." 어느 구석에서 연탄 가스나 새지 않나 싶어 밤마다 방방으로 기어 다니며 냄새를 맡아 보고는 "쫌지를 바르던" 어머니의 모습이 딱했던지 "엄마 기어다니는 꼴 보기 싫으니 제발 이사 좀 가자"고 "아이들"마다 성화지만 그 말 속에 숨어 있는 따스함과 고마움은 내놓고 얘기를 안해도 서로 잘 안다.

영문학 전공인 그이가 대학 시절부터 연극에 몰두하여, 졸업 뒤에 "여인 소극장"을 거쳐 육십사년 현재의 자유 극단을 창단하여 이제까지 이끌어 온 데에는 식구들이 보여 준 이해와 협조의 공뿐이 아니라 사실 이 집의 숨은 공도 꽤 크다. 그이가 서재로 쓰고 있는 작은 문간방은 때로는 회의실이 되기도 하고, 때로는 그이가 몇 시간이고 틀어 박혀 온갖 구상을 하는 혼자만의 공간이 되기도 한다. 두방을 터서 만든 이층의 널찍한 공간은 그의 작업실로 갖가지 무대 장치와 소품들, 의상 따위를 만드는 곳이다. "내가 이런 것들을 이렇게 벌려 놓고 일일이 손수 만들려니 이 집을 어떻게 떠날 수 있겠어요." 그의 말대로 여기 저기 널려 있는 의상이며 만들다 만 탈들, 무대 장치에 쓰이는 크고 작은 물건들이 이 방 임자가 아니면 도저히 손 댈 엄두조차 안 날 정도로 빽빽이 들어차 있다. 또 다행히 방의 여유가 많아 그동안의 무대 장치와 의상들이 방마다에 차곡차 곡 정리되어 있어 보관실이자 자료실인 곳이 되어 버렸다.

이병복, 권옥연 씨 내외는 이름난 골동품 수집가이다. 두 예술인의 눈썰미와 정성으로 사십년에 가까이 골동품을 모으기 시작할 때부 터 이는 두 사람의 즐거움만을 위한 것은 아니었다. 집 없이 버려진 아이들을 모아다가 보살피는 심정으로 아무도 흥미를 보이지 않 던, 골동품이 그야말로 고물 취급을 받던 시절부터 열심히 골라 모았다. "이 고물들은 다 내 새끼들 같아서 눈 감기 전에 제대로 출가를 시켜, 놓일 자리에 놓이는 걸 봐야 할 텐데"라며 그동안에 정성으로 모아 놓은 골동품들을 전시할 마땅한 공간을 마련할 여유 가 없음을 안타까워한다.

책장이며 사방탁자 같은 우리의 골동품과 프랑스 유학 시절에 파리의 골동품 시장에서 사다 쓰던 책장, 소파 같은 것들이 신기하 게도 서로 싸우지 않고 자연스럽게 어울려, 높은 천장과 길게 늘어 진 낡은 커튼과 함께 신비한 분위기로 압도하는 거실에 한동안 앉아 있다 나와서는 마치 시간과 공간을 초월한 여행이라도 하고 온 양, 밝은 거리와 온갖 소음에 제정신이 들 때까지 멍하니 꽤 오랜 시간 을 서 있었다.

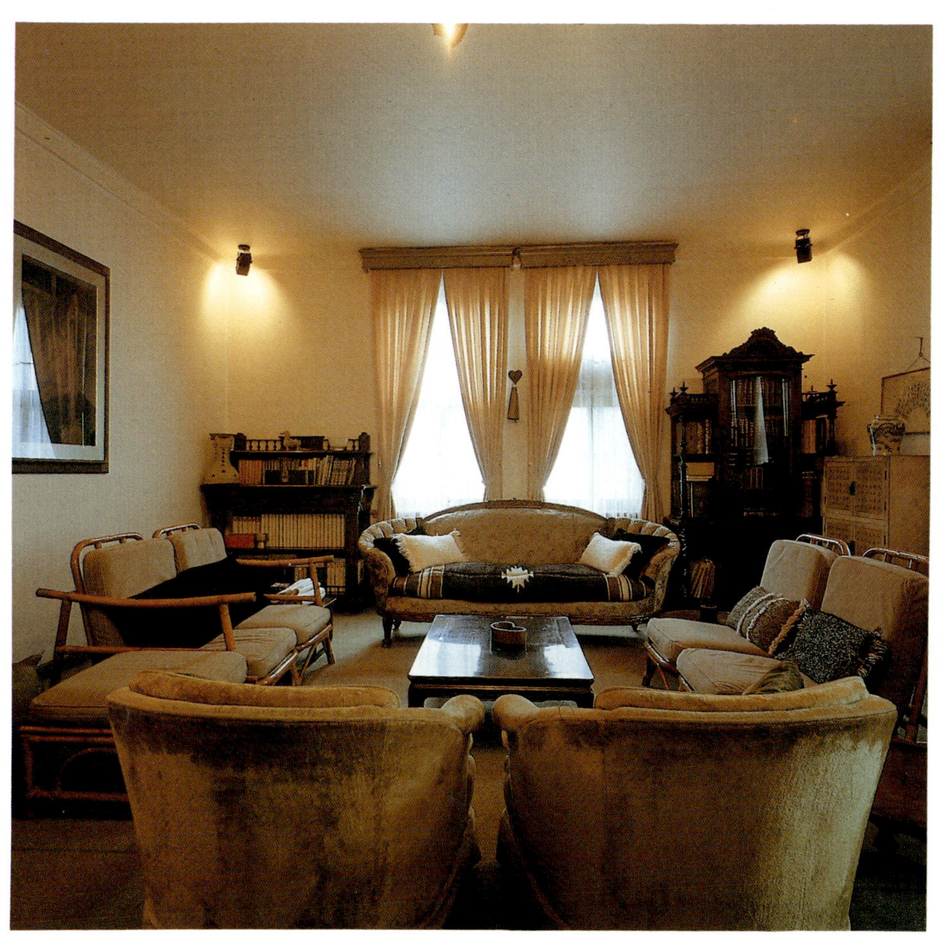

책장이며 사방탁자 같은 우리의 골동품과 프랑스 유학 시절에 파리의 골동품 시장에서 사다 쓰던 것이라는 책장, 소파 같은 것들이 신기하게도 서로 싸우지 않고 자연스럽게 어울려, 높은 천장과 길게 늘어진 낡은 커튼과 함께 신비한 분위기를 낸다. 정성으로 모은 골동품을 전시할 마땅한 공간이 없음을 집 주인은 안타까워한다.

정영수 씨 집의 거실

우리나라의 집들은 거개가 아파트이거나 단독 주택이거나 별 생각없이 거의 습관적으로 거실에 가장 많은 공간을 할당하여 설계된다. 그러나 막상 살다 보면 거실은 그저 응접 세트나 이따금 들르는 손님을 맞으려고 지키고 앉아 있는 방일 뿐이니 사실 별로 구실도 못하는 아까운 공간이 돼 버리기가 십상이다. 강남구 역삼동의 단독 주택에 사는 정영수 씨는 싫으나 좋으나 가족들이 한자리에 모이는 곳은 거실이 아니라 식당이라는 점을 생각하여 그리 넓지 않은 거실에 응접 세트 대신에 식당 세트를 놓고, 현관에 들어서서 오른쪽에 있는 네평쯤 되는 문간방에 카펫을 깔고 작은 거실이랄 수 있는 응접실을 하나 꾸며 보았다.

널찍한 거실이 시원스럽고 탁 트인 맛은 있을지 몰라도 이 집의 거실은 자그마한 공간이어서 접대를 하거나 받는 쪽이 훨씬 더 포근하고 친근할 듯하다. 워낙 조용조용하고 따뜻한 것을 좋아하는 성격 때문인지 정영수 씨가 꾸민 응접실은 이 집을 처음 찾아온 사람들도 이내 친숙해지고 공연히 어깨에 힘을 주지 않아도 될 듯한 푸근한 분위기를 느끼게 해 준다.

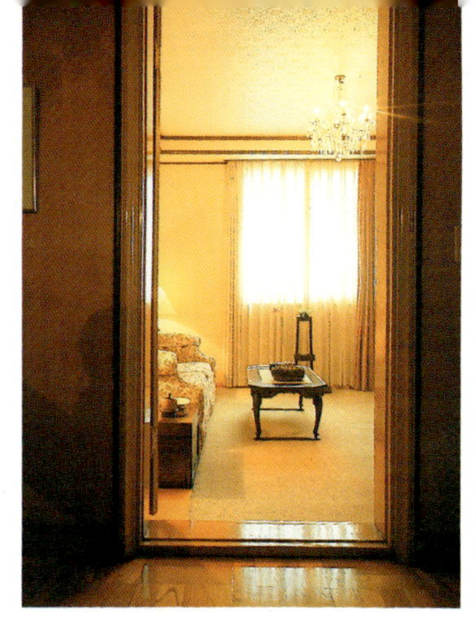

현관을 들어서면 오른쪽에 있는 네평쯤 되는 문간방에 카펫을 깔고 작은 거실이랄 수 있는 응접실을 꾸몄다. 널찍한 거실이 시원스럽고 탁 트인 맛은 있을지 몰라도 이 집의 거실은 처음 찾는 사람들도 자그마한 공간에서 이내 친숙함을 느끼고 편안해 한다.(왼쪽)

소파와 의자, 램프 두개와 아담한 크기의 목공예품들이 저마다 제 자리에 다소곳이 놓여 있다. 그는 물건을 살 때에 늘 어디에 놓고 어떻게 쓸까를 염두에 두기 때문에 어느 것 하나 도드라지지 않는다.(아래)

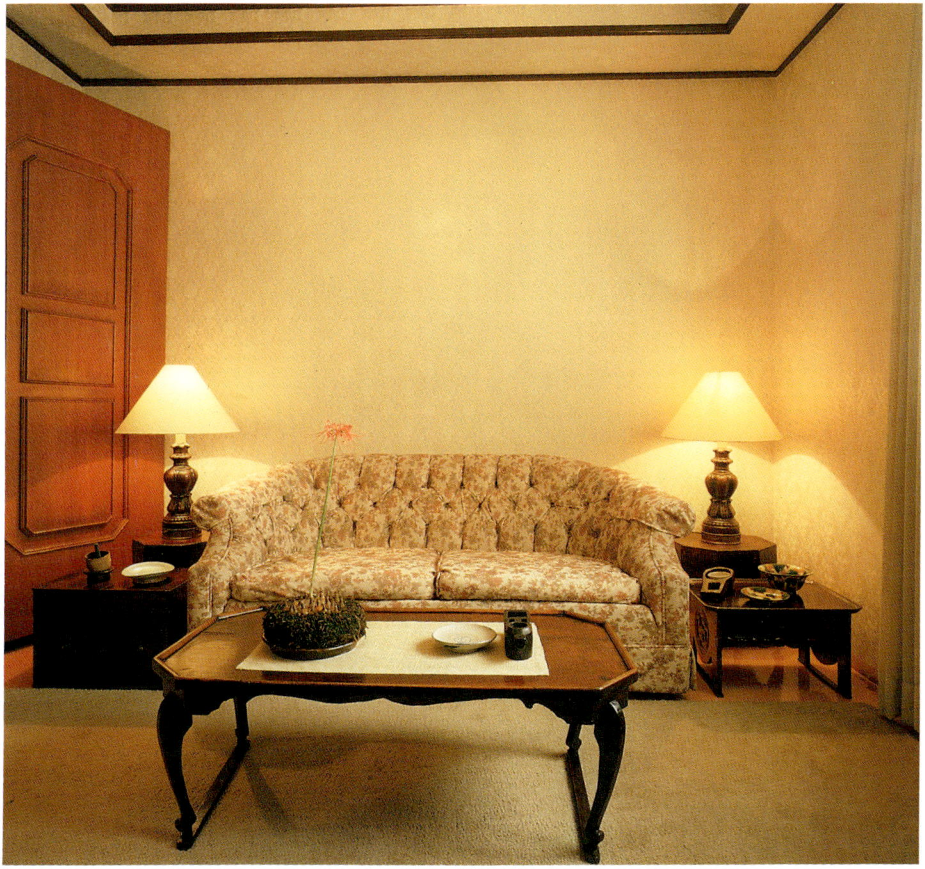

응접실 안쪽에서 복도를 향하여
찍었다. 방의 분위기에 어울리는
판화가 오직 하나 벽에 걸린 물건
이다. 이 방 안에서는 위압감이라고
는 전혀 찾을 수가 없다. 크리스탈
화병보다는 소쿠리나 항아리가
더 어울리는데 판화 아래 물확을
놓고 한쪽에 화분을 넣었다.

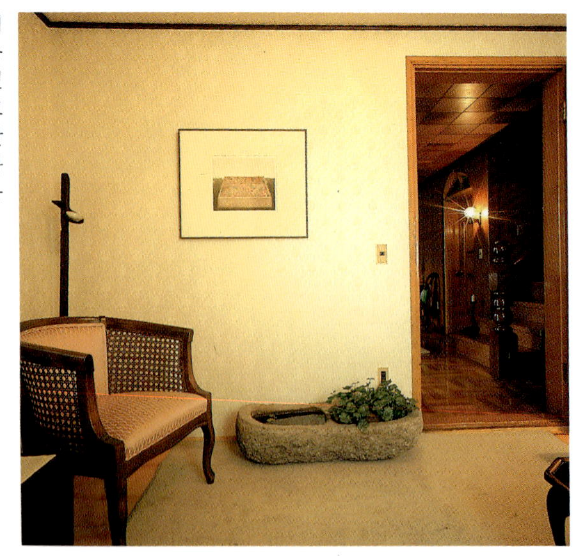

　　집안의 곳곳에, 특히 응접실에 놓인 가구나 장식품들은 거개가
우리의 골동품들이다. 그 중에서도 조선 시대의 목기가 드러나게
많다. 십몇년 전부터 취미 삼아 하나, 둘 모은 것이 이제는 집안
구석구석을 모두 채우다시피 했다. 그렇다고 그 안주인이 그저 사서
모으는 것이 재미인 수집가인 것은 결코 아니다. 그는 물건을 크고
작음을 떠나 늘 어디에 놓고 어떻게 쓸 것인가를 염두에 두고 선택
한다. 마음에 든다고 무작정 사들이면 마침내 집안을 온통 어수선한
진열실로 만들거나, 포장도 풀지 못하고 창고로 가는 신세가 되기
마련임을 알기 때문이다.

　　응접실의 가구는 소파와 의자, 선물로 받은 램프 두개말고도 모두
가 골동품이다. 안주인의 빼어난 눈썰미로 선택한 온갖 세간들이
자그마한 공간에 맞추어 짜놓기라도 한 듯이 더도 덜도 없이 놓일
자리에 놓여 있다. 조그마한 이층장이나 머릿장, 갓통, 연상, 소반
들이 어느 것 하나 도드라져 뽐냄이 없이 구석구석에 다소곳이 자리

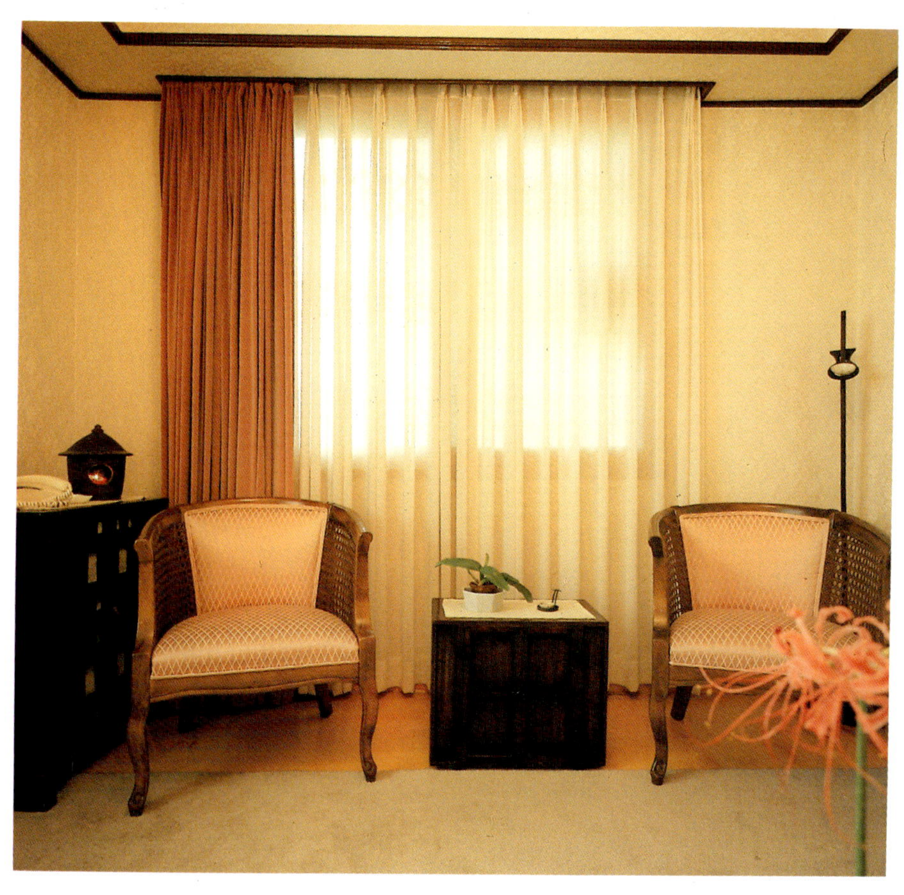

이층장이나 머릿장 위에 작은 등잔이나 접시, 촛대, 먹통들이 알맞게 놓여 있다. 안주
인의 빼어난 눈썰미를 짐작하게 하는 이 세간들은 거개가 목공예품이라 차분한 인상
을 더해 주고, 바닥까지 늘어뜨린 진분홍 빛깔 커튼은 자그마한 공간의 방 분위기를
한결 아늑하게 한다.

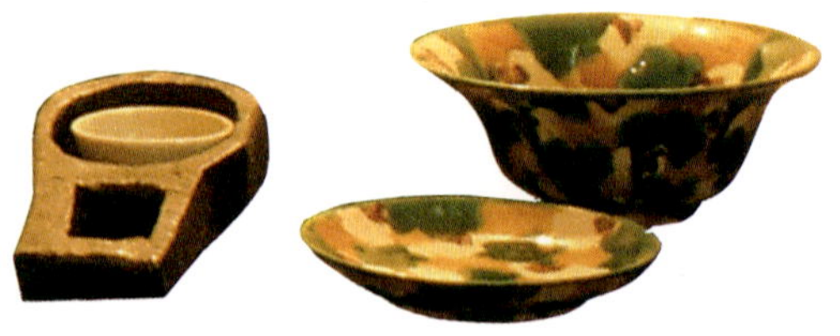

잡고 있다. 또 이런 세간들 위에는 작은 등잔이나 접시, 촛대, 먹통 같은 장식품들이 알맞게 놓여 있어 너무 많았더라면 도리어 그냥 죽 훑어보고 지나칠 것을, 골동품에 별다른 관심이 없었던 사람들도 다시 한번 유심히 살펴보게 한다. 세간이 거개가 가라앉은 색조의 목공예품이라 그런지 응접실에 들어섰을 때의 첫 인상은 들뜸이 없이 차분하다는 것이다. 바닥까지 늘어뜨린 진분홍 빛깔 커튼이 방 분위기를 한결 포근하게 해 주고 무엇보다도 공간이 작다는 것이 아늑한 느낌을 더해 준다. 보는 이로 하여금 주눅이 들게 하는 덩지 큰 가구나 요란스럽게 번쩍거리는 것 따위가 없어서 그런지 안정된 분위기이면서도 마음을 가볍고 경쾌하게 해 준다.

 벽에는 방의 분위기와 조화를 이루는 판화를 걸었다. 이 방 안에서는 위압감이라고는 전혀 찾을 수가 없다. 손님을 맞는 날은 화분을 들여 놓거나 꽃을 꽂거나 하지만 반짝거리는 크리스탈 화병 따위는 아무래도 어울리질 않는 것 같아 항아리나 소쿠리 들을 즐겨 쓰게 된다. 보통 때에는 물확의 한쪽에 화분을 넣어 녹색을 즐기고 때에 따라 화려한 꽃을 꽂아 분위기를 바꾸어 보기도 한다.

김석화 씨 집의 *거실*

　서울 서대문구 연희동에 있는 김석화 씨의 집은 전문가가 맡은 대목을 빼 놓고는 집 전체의 모양과 구조나 배치에서부터 시작해서 자잘한 재료의 선택에 이르기까지 잘 했거나 잘못 했거나 죄다 주인의 착상으로 빚어진 것이다.

　여섯평 남짓한 거실은 서쪽 벽에 달린 듬직하고 육중한 참나무로 짠 문을 열고 바깥 현관에서 들어온다. 남쪽으로는 커다란 세짝 미닫이 유리창을 통해서 뜰이 내다보이고, 그 동쪽에는 안방이 있으며, 북쪽으로는 테두리가 아아치 꼴인 경계를 사이에 두고 식당이 딸려 있다. 식당에는 커다란 창문이 뜰 쪽으로 난 거실의 창문과 마주 보고 있고, 그 오른쪽에 부엌으로 통하는 문이 달려 있다. 서쪽 벽은 붉은 벽돌로 발랐고 나머지 벽돌에는 부분으로 본타일과 하얀 벽지를 발랐다. 바닥에는 고동색 타일을 깔고 그 위엔 잔잔한 자줏빛의 무늬를 담은 카펫을 깔았는데, 거실의 전체적인 빛깔과 질감에 변화가 풍부하다. 네벽을 같은 재료나 같은 빛깔로 꾸미지 않는 것이 김석화 씨의 취향이다. 전에 살던 집에서는 한쪽 벽에다가 비단에 물을 들일 때에 비단 밑에 끼워 비단의 무늬를 얻은 화선지를 장만해서 발랐었다고 한다.

　　나무귀틀을 가로질러 박은 동쪽 벽이 독특하다. 못을 박아 물건을 걸어 놓기에 좋기도 하지만, 단조롭기 쉬운 벽 치레에 표정을 주기 위한 착상이었다. 안방에는 벽 전부에 이런 나무귀틀이 박혀 있다. 또 천장에 대충 다듬은 소나무를 거의 우물 정자에 가깝게 붙여 놓은 것이 이 거실에서 가장 독특한 점이라고 할 수 있는데, 한옥의 서까래가 주는 분위기를 살려 보려 한 것이다. 잘 지은 집이란 그 집 주인의 표정이 드러나는 집이라고 건축가 김중업 씨가 한 말이 참되다면, 이 거실의 "텁텁하고자 하면서도" 세련됨을 잃지 않은 풍경에는 주인의 심성이 꽤 많이 드러나 있는 듯하다. 뜰 쪽 창문 앞에 물확과 곱돌들이 늘어서 얹혀 있고, 왼쪽으로부터 극락조와 임페이션스 같은 화초들이 그 위에 있는데 돌을 실내에로 끌어들인

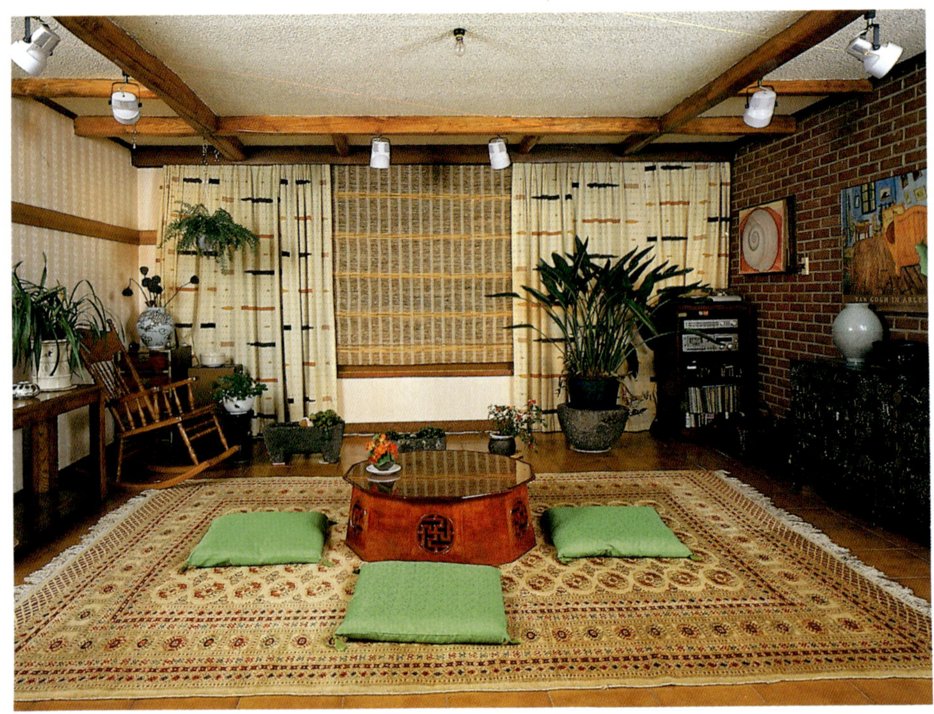

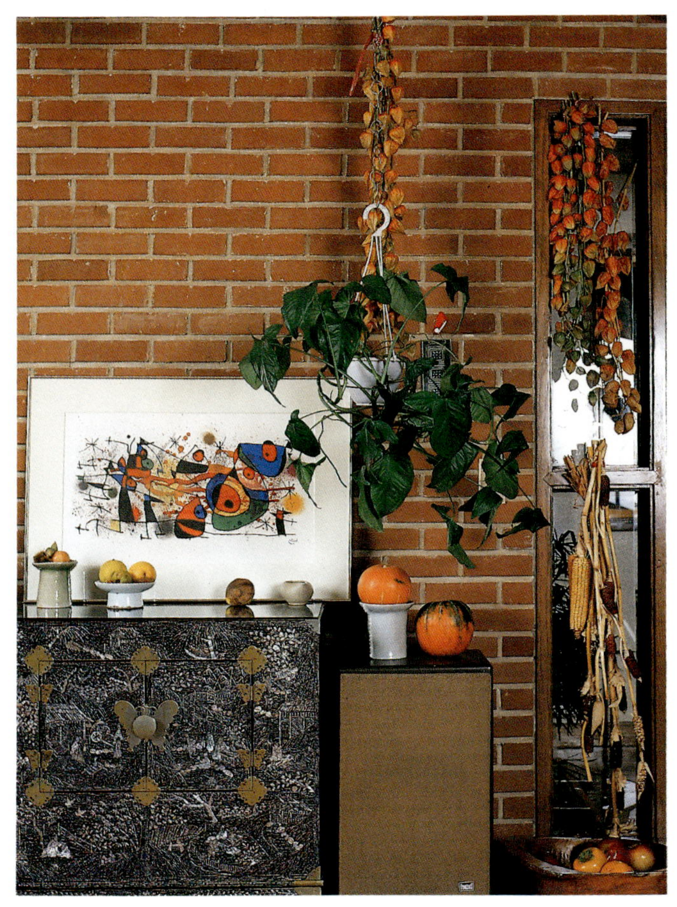

여섯평 남짓한 거실은 남쪽으로 커다란 세짝 미닫이 유리창을 통해서 뜰이
내다보이고 그 동쪽에는 안방이 있고, 북쪽으로는 식당이 딸려 있다. 이
거실의 벽은 붉은 벽돌, 본타일, 하얀 벽지로 장식해 바닥에 깐 고동색 타
일과 자줏빛 무늬의 카펫이 거실의 분위기를 변화있게 해 준다. 더욱이 소
반 하나만이 놓여 있어 한옥의 대청마루 분위기를 느끼게 한다.(왼쪽)
서쪽 벽의 키가 작은 자개장 위에 미로의 그림이 놓여 있고 그 옆에는 말
린 수수와 꽈리가 걸려 있다.(위)

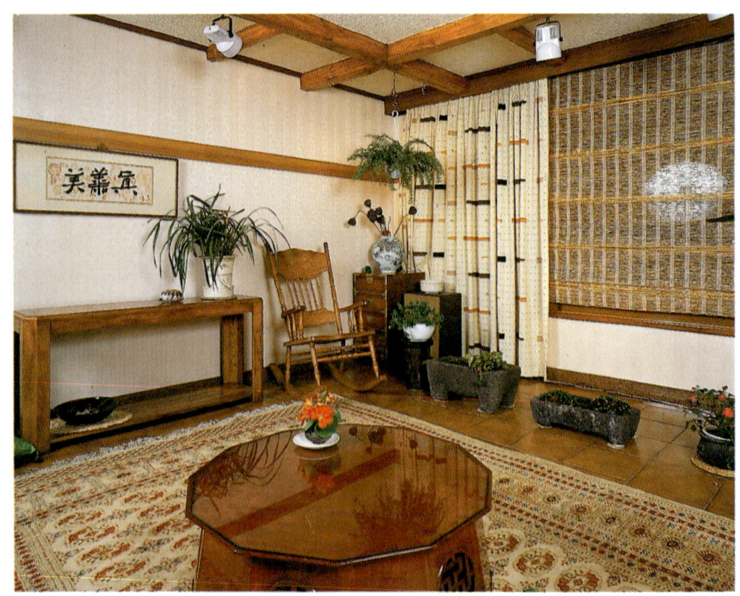

나무귀틀을 가로질러 박은 동쪽 벽과 대충 다듬은 소나무를 우물 정자같이 붙여
놓은 천장이 독특하다.

것이 소탈하면서도 중후한 느낌을 준다. 서쪽 벽에는 호앙 미로와
반 고호의 복제 그림이 걸려 있다.

　이 집 거실이 실제 넓이보다 훨씬 더 넓어 보이는 까닭은 무엇일
까? 그것은 이 나라의 평균 양옥집 거실에 무슨 의무라도 되는 것처
럼 놓이는 크고 육중한 응접 세트가 없고 그 대신에, 간단히 소반
하나만 놓여 있기 때문이다. 김석화 씨는 절박한 쓸모도 없으면서
괜히 공간만 잡아먹고 걸리적거리는 그 서양식 치레를 마뜩찮게
여기는 쪽이다. 제대로 된 서양집의 경우는 넓이가 충분하고, 난방
시설도 그에 걸맞게 되어 지어지기 때문에 그런 차림이 어울린다고
하겠지만, 한국 양옥집의 흔히 좁은 거실은 부득부득 응접 세트
같은 덩지 큰 가구를 들여 놓으면 실내의 분위기를 답답하고 옹졸하
게 만드는 수가 많다고 했다. 김석화 씨는 "방을 몽땅 차지해 버리

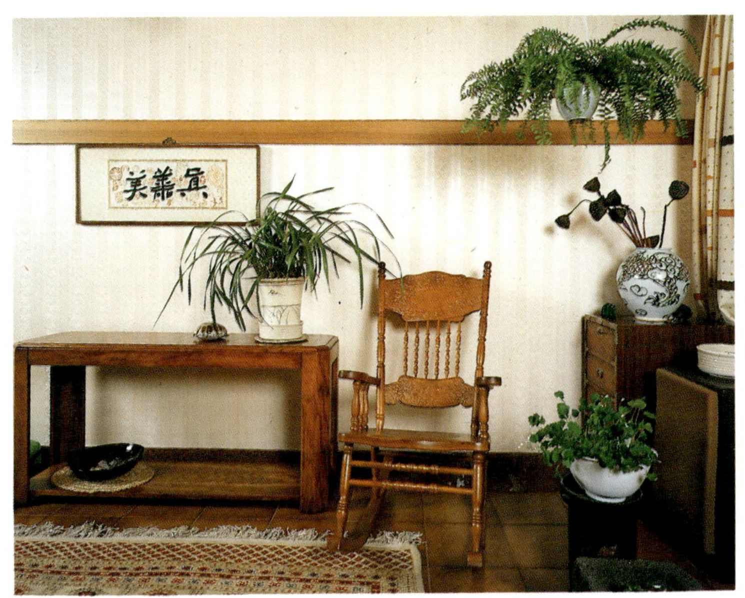

파티를 열면 칵테일을 놓는 자리가 되기도 하고 장식용으로 쓰이기도 하는 날씬한 탁자가 서양 난초를 이고 있다.

는" 침대에 대해서도 같은 생각을 한다. 그의 집에는 남편의 서재에 말고는 침대가 없다. 또 김석화 씨는 의자에 앉는 것보다 "동양식" 으로 앉는 것이 훨씬 더 사람을 편하게 한다고 믿는다. 다른 사람과 마주 앉을 때에도 분위기가 훨씬 더 정겹고 편안하다는 것이다. 물론 의자에 앉고 싶을 때에는 식당에 있는 의자에 앉는다. 아무튼 그렇게 거실의 바닥이 널찍하고 걸리는 것이 없기 때문에, 이 집 식구들은 그 위에서 마구 뒹굴기도 하고 "춤을 추기도 하고" 운동을 하기도 한다. 또 통풍이 잘 될 뿐만 아니라 바닥이 타일이기 때문에 여름에 그 위에 앉아 있으면 대청마루처럼 시원하다.

이 거실은 그런 여러 가지 점으로 한옥의 대청마루의 분위기를 꽤 느끼게 해 준다. 특히 앞뒤가 훤히 뚫려 있는 점에서 더욱 그렇 다. 한옥의 대청은 여러 가지 용도를 가진 다양하게 이용되는 공간

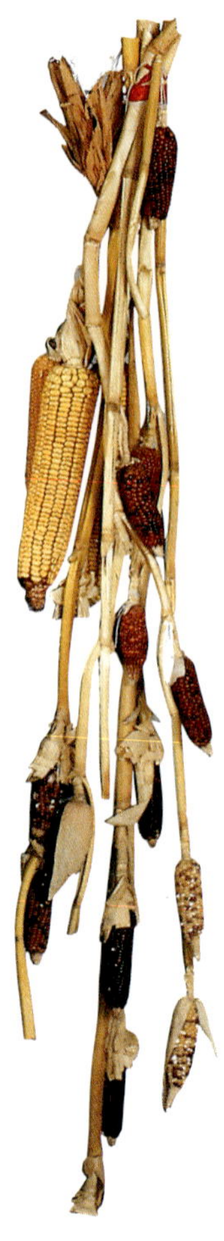

이었다. 철을 가리지 않고 제사를 지내는 처소였고, 크고 작은 잔치가 치러지는 처소였으며, 가족이 밥을 먹고 둘러 앉아 음식을 먹는 곳이기도 했고 다듬이질이나 다림질을 하는 여자들의 작업장이기도 했으며 여름에는 피서의 공간으로도 빼어난 자리였다. 게다가 앞과 뒤가 훤히 뚫려 있어서 자연의 경관을 즐길 수도 있었다. 김석화 씨의 자연스럽고 널찍한 거실은 이러한 대청마루의 기능까지 꽤 잘 할 수 있는 곳이다. 요즈음에 거실들이 거개가 집안의 중심을 차지하기는 하나 식구들의 삶과 밀착되지 못하는 형식적인 공간이기가 쉬운 점을 생각할 때에 이 거실에서 새삼 배울 것이 많다고 하겠다.

거실의 세간이 무척 간소하다. 파티를 열면 칵테일을 놓는 자리가 되기도 하고 장식용으로도 쓰이기도 하는 날씬한 탁자가 서양 난초를 이고 있고, 서쪽 벽에는 키가 작은 자개장이 있고, 그 위에는 대로 짠 조그마한 함과 모과를 담은 하얗고 작은 제기 그릇이 얹혀져 있다. 그리고 현관으로 통하는 문 옆에 말린 수수와 꽈리가 걸려 있다.

세간을 장만할 때에 김석화 씨는 이것저것 한꺼번에 들여 놓거나 새것을 사기가 여간해서는 힘들다. 집을 짓고 새로 이사를 한 지가 두해가 넘었으나, 그동안에 새로 산 것이 없다고 한다. 카펫이나 자잘한 화분 같은 모든 세간살이가 예전에 살던 집에서 따라온 것들이며 심지어는 창문에 단 커튼까지도 옛집에 걸었다가 가지고 와서 잘라서 걸어 놓은 것이다. 그는 자신의 마음에 드는 것이 있으면 "천천히, 하나씩 하나씩" 산다. 그래서 모든 물건들에 손때와 정이 배어 있으며, 조그마한 화분 하나, 대로 만든 그릇 하나까지 모두 "한집 식구"이다. "시들시들하고 병신 같은 화초"도 버리지 않고 정성껏 돌보아 살리는 이가 김석화 씨이다.

김혜영 씨 집의 *거실*

    성북동 산마루턱에 자리잡은 김혜영 씨 집은 열두해 전에 지은
이층 양옥이다. 아래층 현관에 들어서면 복도가 보인다. 그 복도를
따라 현관 맞은편에 부엌과 식당, 오른쪽에 거실과 작은 방, 화장실
이 있고 왼쪽에 붙박이식으로 된 창고와 문간방과 이층으로 올라가
는 층계가 나 있다.

    현관의 오른편에 거실로 들어서는 문이 나 있다. 특별한 경우가
아니면 이 문은 늘 열려 있다. 창문이나 햇빛이 들어올 수 있는 별다
른 궁리가 있지 않은 현관은 이 열린 문을 통하여 거실 남쪽 벽의

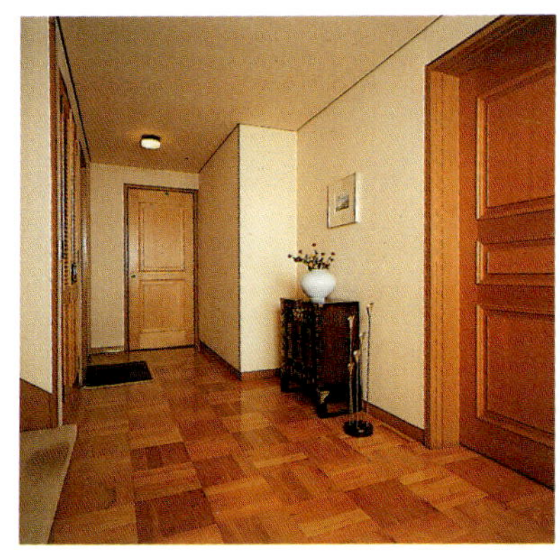

현관에 서서 집의 각 공간으로
연결되는 복도를 바라보았다. 맞은
편에 있는 문이 식당과 부엌으로
통하는 문이고 오른쪽에 있는 것이
거실문이다. 왼쪽에 목욕탕과 창고
와 이층으로 올라가는 층계가 보인
다.

유리창문으로 들어오는 햇빛 덕을 톡톡히 본다.

　현관에서 거실로 들어서면 정면인 남쪽 벽의 유리창으로 정원이 한눈에 들어온다. 담 너머로는 성북동 일대를 둘러싸고 있는 북악산 등성이가 보일 뿐, 달리 볼 것도 염려할 필요도 없어 커튼은 늘 열어 놓은 채로 지낸다. 문 바로 옆에 벽난로가 보인다. 먼저 주인이 별로 사용을 하지 않았는지 이사온 첫해에 겨울 기분을 좀 내어 보려다 거실이 온통 연기로 차는 바람에 혼이 난 뒤로는 아예 꽃자리가 되어 버렸다. 비록 쓰지는 않는다 하더라도 벽난로의 자리는 좀 잘못된 듯하다. 벽난로가 있는 거실에서는 벽난로를 중심으로 사람들이 둘러앉을 수 있도록 가구를 배치해야 벽난로가 거실의 주역으로서 제구실을 하고, 또 모여 앉게 된다는 점에서 독방이 아닌 거실의 또다른 뜻을 강조할 수 있다. 그런 벽난로가 이 거실에서는 위치가 모호하다. 그러니 거기에 맞추어 가구를 둘러 놓기가 어색했을 것이다. 그렇다고 쓸모가 없다고 벽난로에 등을 대고 뜰만 바라볼 수만도 없는 것이다. 이 거실의 가구 배치는 그런 고민이 매끄럽게 해결되지 못하고 있으니 응접 세트와 벽난로가 어우러지질 못하고 한 거실 안에서 어쩐지 따로 노는 것같이 되어 버렸다.

　열해쯤 전에 공들여 지은 집들의 대부분이 그러하듯이 이 집도 모자이크식의 쪽마루와 티크벽이 집안 분위기를 다소 무겁게 한다. 마음 같아선 연한 회색이나 베이지색 계통의 카펫을 거실 전체에 틈없이 깔고 벽도 천장과 같이 상아색 벽지로 도배를 해 버리거나 밝은 색으로 페인트칠이라도 하여 집안 분위기를 좀더 젊고 환하게 바꾸어 보고 싶었지만 어른들의 말씀도 있고 해서 그대로 두기로 했다고 한다.

　긴 소파 뒷벽에 걸려 있는 그림이 조금 작게 느껴진다. 하지만 우선 그림이 마음에 들고 또 화가인 사촌 형부께서 집들이 선물로 그려 주신 것이라 더 뜻이 있어 거실의 가장 중요한 벽에 걸기로

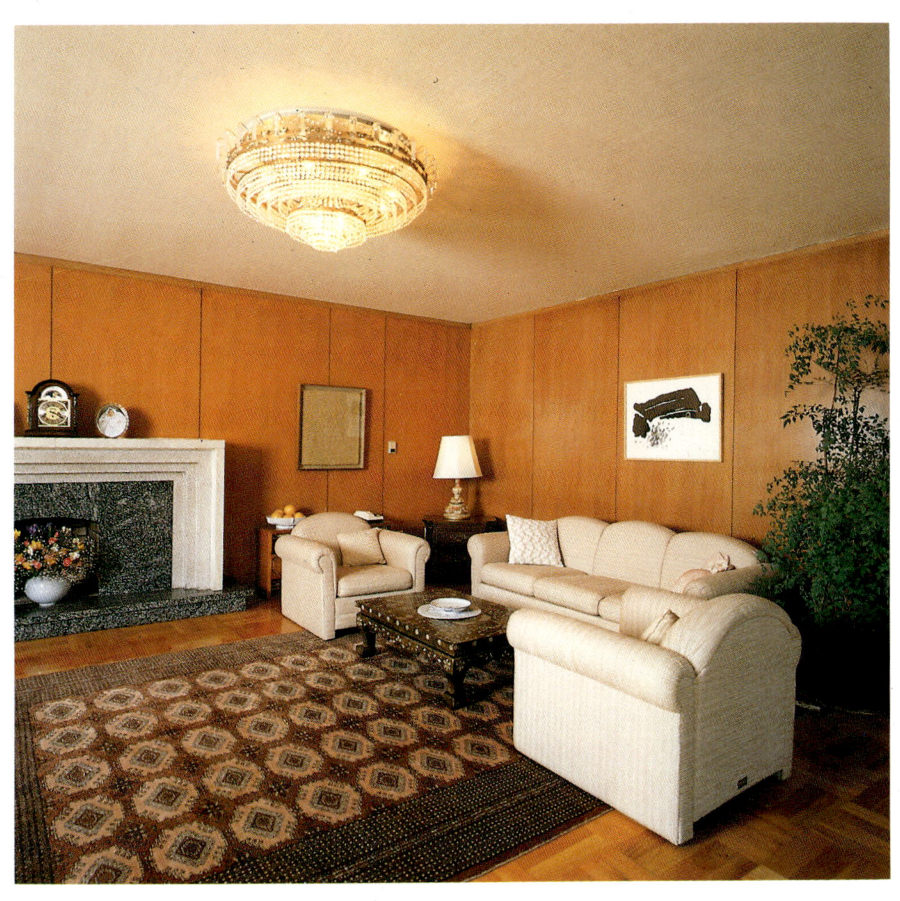

벽난로와 베이지 빛깔의 소파로 꾸며진 거실. 전 주인이 설치해 놓은 벽난로가 자리
를 잘못 잡아 겨울에도 제구실을 못하고 그냥 꽃자리가 되었다. 벽난로의 잘못된
자리 탓에 벽난로와 응접 세트가 서로 어우러지지 못하고 따로 노는 듯한 흠이 있으
나 전체적으로 깔끔한 공간이다.

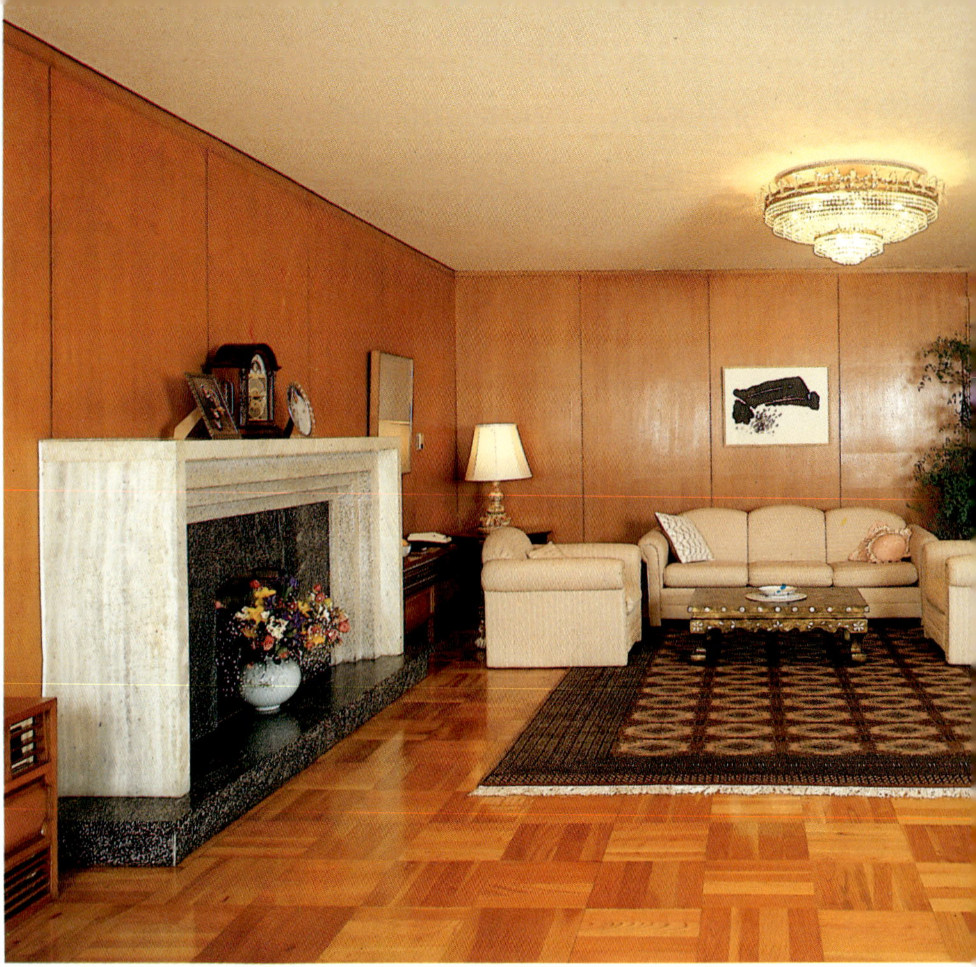

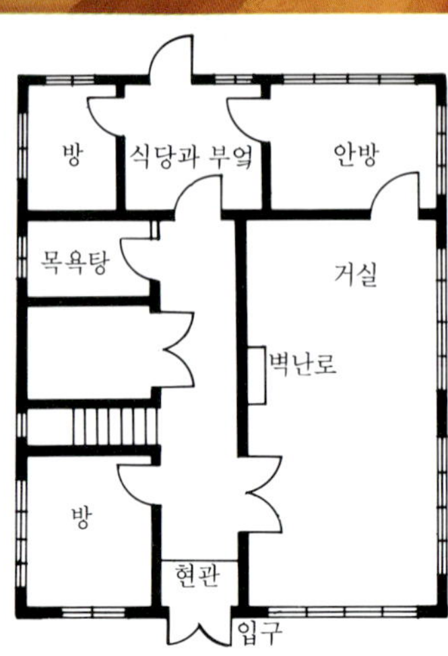

일층의 평면도이다.

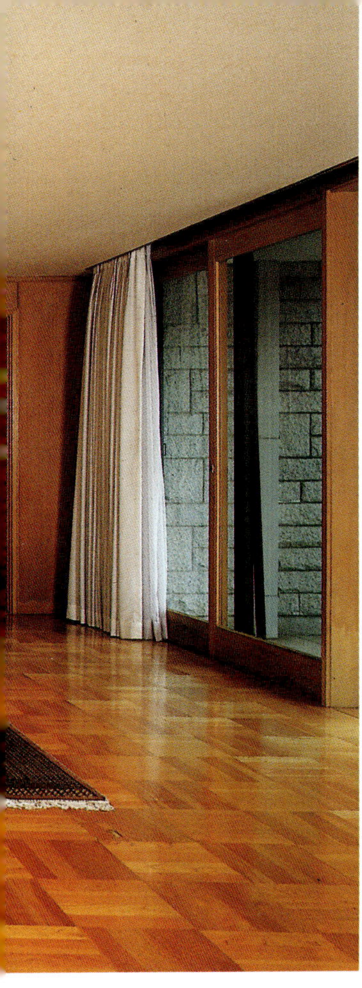

열해쯤 전에 공들여 지은 집들이 대부분 그러하듯이 이 집도 모자이크
식의 쪽마루와 티크벽이 어울려 집안 분위기를 좀 가라앉혀 놓았다.
연한 회색이나 베이지색 계통의 카펫을 깔고 벽도 천장과 같이 상아색
벽지로 도배를 해 버리면 집이 한결 경쾌해 보일 줄 알고는 있으나
이 집 주인은 이 거실의 유행에 뒤쳐진 듯한 맛을 더 아낀다.

했다. 그리고 보면 거실의 세간은 집 주인이 골라다 놓은 것보다는
여러 사람들로부터 받은 물건들이 더 많다. 응접 세트와 카펫은
이사올 때에 시어머니께서 주신 것이고 소파 가운데의 자개상은
친정 어머니께서 아끼시던 것을 시집올 때에 하나 떼어 주셨다. 상
위의 백자 접시는 친구의 크리스마스 선물이다. 벽난로 위의 선반에
이 집의 보물인 남매의 사진을 하나씩 놓았다. 예상대로 그 사진들
이 거실에 들어오는 사람들의 가장 많은 주목을 끌고 감탄사를 불러

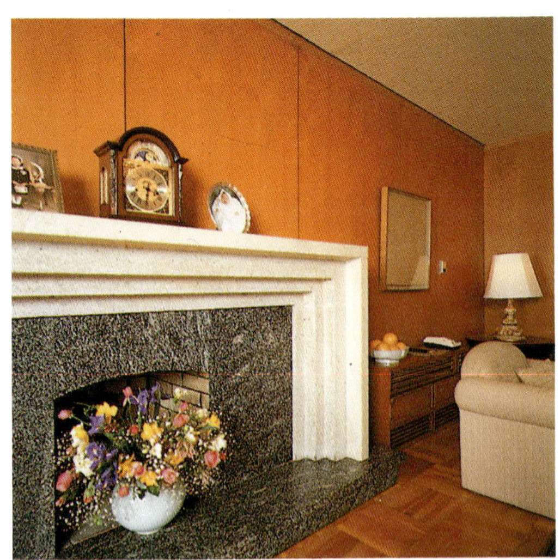

거실의 널찍한 공간에 견주어 세간들은 간소하다. 선반이
나 탁자 위에 장식하는 물건이란 대개가 값지고 소중한
것이다. 그런 뜻에서 그는 벽난로 위에 이 집의 보물인
남매의 사진을 올려 놓았다.

낸다.

　화초와 그림말고 거실의 장식품이라곤 백자 수반에 수북히 쌓아
놓은 과일이 고작이다. 철에 따라 유자나 감, 모과, 둥근 호박, 청포
도 따위를 담아 보기도 한다.

　김혜영 씨의 바람은 언제가 될지 모르나 이 집의 장단점을 잘
고려하여 현재의 집터에 새 집을 지어 보는 것이다. 그러나 구관이
명관이라고 첫 인상과는 달리 살다 보니 이 집이 꽤 편리하고 마음
에 들어 새로 집을 짓게 되더라도 집의 구조는 지금의 집과 그리
큰 차이가 없을 듯하다고 생각한다.

남수정 씨 집의 **현관과 대문**

서울 성북동 비탈에 집터를 골라 놓고 남수정 씨는 이런 저런 궁리가 참 많았다. 그동안에 남이 지은 집에서만 살아 오면서 아쉽고 못마땅하게 느꼈던 점이 한둘이 아니었고, 스스로 지을 집은 이래야 한다고 가슴 속에다 챙겨 온 막연한 욕심들도 그득했다. 그래서 잘 지었다는 남의 집을 찾아가 견학도 하고, 책도 뒤적이고, 어쩌다 안목있다는 사람을 만나면 꼬치꼬치 캐묻기도 했으며, 답답해서 이 동네, 저 골목을 막연히 기웃거리며 구경하는 일도 몇번 했다. 집을 짓기 시작하면서부터는 이녁 생각을 펼치느라고 설계한 이나 집짓는 이와 의논을 여러번 거듭했다. 그리하여 헌 벽돌로 벽을 두르고 천연 슬레이트로 지붕을 덮은 깔끔하고 수수한 남향받이 이층 양옥집이 제모습을 갖추었다. 담도 헌 벽돌로 낮게 두르고, 동쪽에 흰 철제 대문을 냈다. 지어 놓고 보니 지형 조건이나 경제 사정 때문에 마음 먹은 만큼 되지 않았으나, 자신의 생각이 많이 배인 집이라 보람은 넉넉했다.

대문은 쇠창살이 가로로 배열된 사각형 꼴로 아주 단순한 모습인데 흰 페인트로 깔끔하게 칠을 했다. 인터폰과 기둥 위에 달아맨

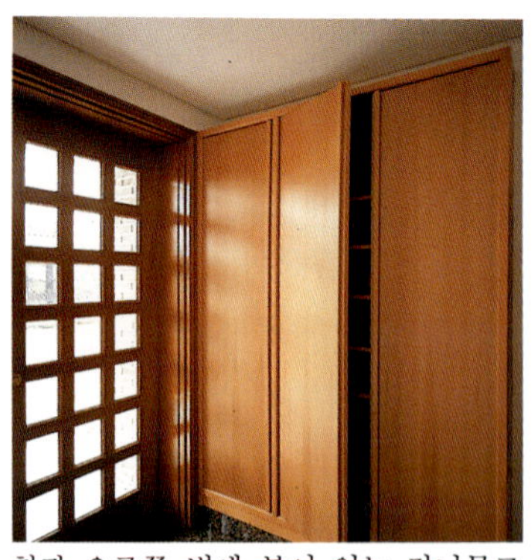

현관 오른쪽 벽에 붙어 있는 잣나무로
짠 신장. 이 집 주인은 잣나무의 단단함과
예쁜 결과 붉은 빛깔을 좋아한다.

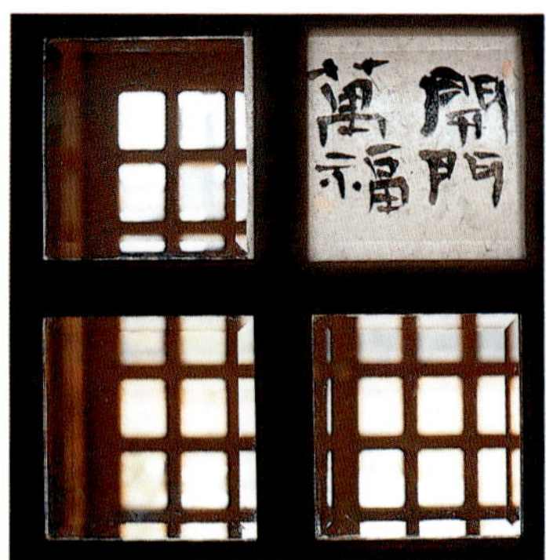

박물관에 다니는 친구가 적어 준 글씨.
"잘 못 쓴 것 같아서 멋지다"고 이 집
주인은 생각한다.

형광등말고는 여느 대문에나 흔히 달려 있는 사자 코에 꿴 문고리
하나조차 볼 수 없을 만큼 간결하기 그지없다.

대문 앞에 서면 안이 훤히 들여다보인다. 수금원들이 초인종을
눌러 놓고 처량한 기분이 되어 멍하니 인터폰을 바라보거나 기다리
다가 짜증이 나서 발디딤을 하고 안을 엿볼 필요가 전혀 없겠다.

이 집 주인은 대문 내는 일을 중요히 여겼다. 분에 넘치게 높거나
벌레 한 마리 끼어들 틈 없이 꽉 막히고, 지붕이 달린 무거운 대문을
세울 생각은 없었다. 호사 취미를 부린 여느 집처럼 번거롭게 꾸미
는 것도 더구나 싫었다. 낮고 간결하고 친근한 느낌을 주는 대문이
라야 했다.

집 안과 집 밖을 연결해 주는 대문은 집의 얼굴이다. 옛날 우리나
라 사람들도 집에서 대문을 무척 중요하게 여겼었다. 사람과 귀신들
이 함께 들락이는 곳이며, 집식구들의 "길흉화복"과 "부귀다남"
같은 것들이 대문과 무관치 않다고 믿었기 때문이다. 그래서 대문의
자리를 정하고 모양을 다듬는 일을 여간 진지하고 까다롭게 생각하
지 않았다. 요즘에는 그런 마음씨가 담긴 대문을 좀처럼 보기가

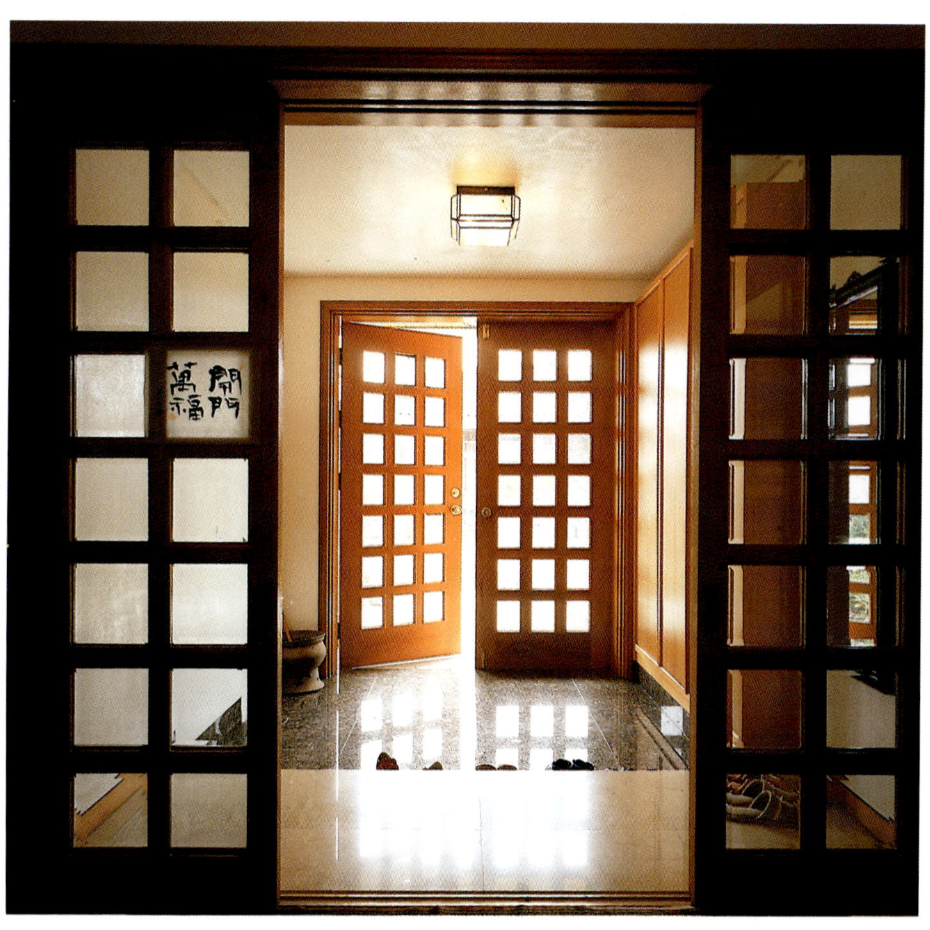

마루에서 현관을 바라보았다. 대리석을 깐 바닥과 본타일로 마무리한 벽과 천장이
밝고 점잖고 정갈하다. 현관 마루에는 세 딸의 방이 있는 이층으로 올라가는 차분한
층계가 있다.

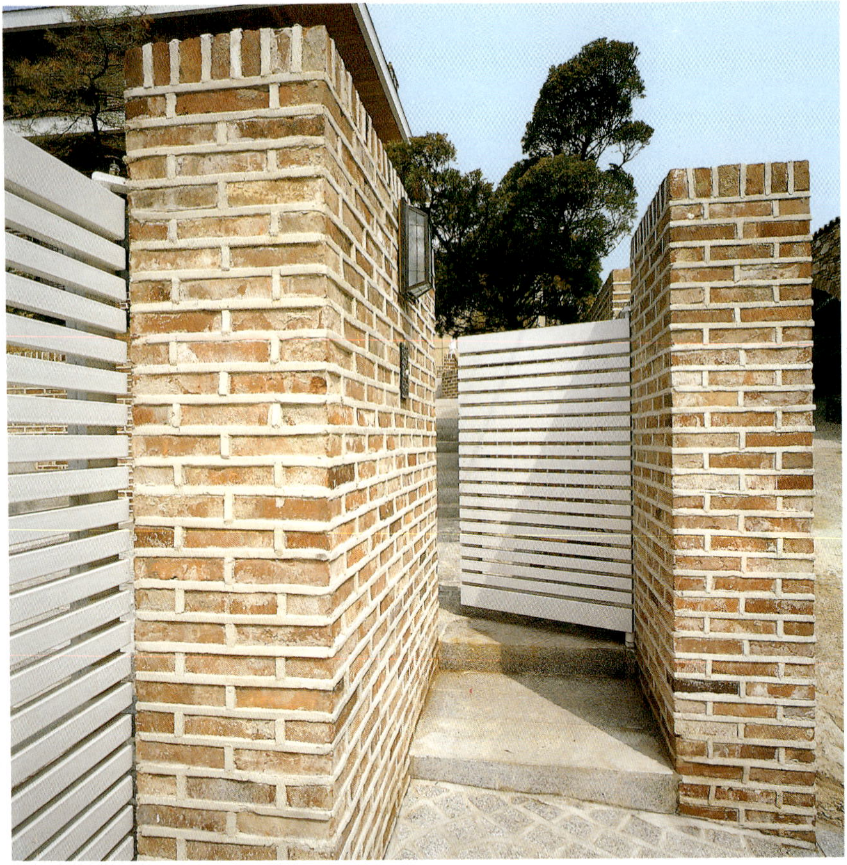

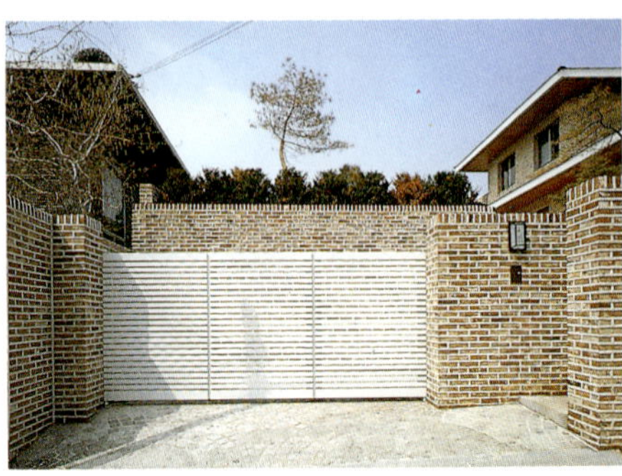

사람이 드나드는 곁문. 안이 훤히
들여다 보인다. 요새 흔히 눈에 띄는
우악스런 대문이 사람을 쫓는 기능에
치우친 것이라면 이 집의 대문은 사람
을 맞아들이는 대문이다.(위)
흰 페인트로 깔끔하게 칠한 이 대문은
여느 대문에나 흔히 볼 수 있는 사자
코에 꿴 문고리 하나조차 볼 수 없을
만큼 간결하기 그지없다.(왼쪽)

어렵다. 전통이 끊긴 역사, 사는 데 쪼들려서 마음이 메말라진 것, 눈썰미 없는 계획 행정가들, 살림집에는 별 관심이 없는 건축인들 때문이기도 하며, 이 땅의 집짓는 일을 도맡아 하다시피 하는 집장수들의 겉치레 대문이 흔히 복잡하고 권위주의스러워 "좀처럼 열릴 것 같지 않아" 살벌하다. 그러다 보니 살갑고 정이 담긴 골목들이 점차로 사라져 간다. 이 집 주인이 낮고 간결하고 친근감을 주는 대문을 구상한 것도 따지고 보면 그런 골목에 대한 배려에서도 출발했다. 과연 그 골목은—적어도 그 집 앞 부분의 그 집 쪽은—따뜻하고 친근해 보인다.

대문은 사람을 못 들어오게 막는 곳이자 동시에 사람을 맞아들이는 곳이다. 요새 흔히 눈에 띄는 우악스러운 대문이 사람을 쫓는 기능에 치우친 것이라면, 이 집의 대문은 사람을 맞아들이는 대문이다. 그리하여 "좀처럼 열릴 것 같지 않은" 대문에 익숙해져 있는 요즈음 사람들에게 이 집 대문은 뭔가 잔뜩 더 붙여야 할, 아직 공사가 덜 끝난 대문으로 보이기가 십상이겠다. 그러나 이 집 주인에게는 그렇게 "좀 모자란 것이 멋이 있다." 야트막해서 겸허하게 보이고, 요란스럽지 않아서 검약스러워 보일 것이 이 집 주인의 대문에 대한 소원이었다.

하기야 이 집을 처음으로 방문하는 사람들도 으레껏 주인에게 해 주는 걱정이 대문이 너무 허술하다는 것이다. 주인도 그걸 모르는 바는 아니지만, 오히려 이 나라의 여러 튼튼한 철대문들이 낮아져서 이 집 대문이 상대적으로 덜 허술해 보일 날을 기원해 보기나 할 따름이다.

대문에 대해서 그가 아쉬움이 있다면 값이 싸고 튼튼한 맛에 끌려 나무로 짜지 않고 쇠로 했다는 것이다. 지붕도 안 올리고 대문을 나무로 짜면 쉬 벗겨지고 낡아지겠지만, 페인트를 자주 칠하는 일이 아무리 번거롭더라도 언젠가는 틀림없이 나무로 바꿀 참이다.

본디 대문 언저리의 담을 맘껏 담쟁이덩굴로 덮을 생각이었다. 그러나 심은 지가 얼마 되지 않아 아직 줄기가 제대로 뻗지를 못했다. 초가을이 되어 담쟁이덩굴이 제대로 오르면 이 대문이 훨씬 더 아늑해질 것이라고 이 집 주인은 곧잘 자랑을 한다.

골목가에 난 동쪽의 헌 벽돌 담은 골목의 경사를 따라 층계처럼 쌓아 올렸다. 꼭대기에 요란스럽게 쇠붙이를 붙이지 않은 것도 그렇거니와 무엇보다도 낮아서 반갑다. 높이가 어른의 보통 키가 될까말까 하다. 골목을 지나가는 사람에게 여느 우악스러운 담처럼 "너는 도저히 못 넘어!" 하며 뛰어넘어 한번 이겨 보고 싶은 충동을 불러일으키는 도전을 하지 않는다.

담이 낮아야 한다는 것은 집을 짓기 훨씬 전부터 이 집 주인이 벼르던 일이었다. 성벽이나 감옥같이 우람하고 딱딱하고 숨막힐 듯하고 권위주의적이고 사람을 왜소하게 만드는 담, 무슨 비밀 정보부같이 꽁꽁 잠가놓은 피해 망상증의 담, 고급스럽고 화려하고 으스대고 수다스러운 담, 집장수들이 급조해 놓은 높은 칸막이에 불과한 담, 쇠붙이를 비비꼬거나 말아서 요란스럽게 모자를 씌운 매정한 담들은 그의 "적성과 성미"와는 어긋나는 것이었다. 이 집 주인이 조금이나 흉내내 보고 싶었던 것은 시골집에서 흔히 보았던 ─지금은 시골에서도 보기가 어렵지만─싸리로 엮은 담이나 돌로 야트막하게 쌓아 올린 담의 편안하고 수수하고 은근한 멋이었다. 그러나 고민은 있었다. 넓이가 한정된 경사진 땅에 집도 짓고 마당도 즐기려면 별 수 없이 낮은 쪽에 옹벽을 치고 흙을 메워 편편히 해야 했으나, 그러려면 집 동쪽 옆 골목에서 보는 담의 높이가 적어도 한쪽이 턱없이 높아져 버린다. 그리하여 마당의 동쪽 옹벽을 뒤로 물러나게 하고 그 옹벽 밖에 대문을 달고 거기에서 골목의 경사를 따라 야트막하게 층계처럼 담을 친 것이다.

대문 앞에서 현관까지 오르는 층계는 화강암으로 되어 있다. 부채

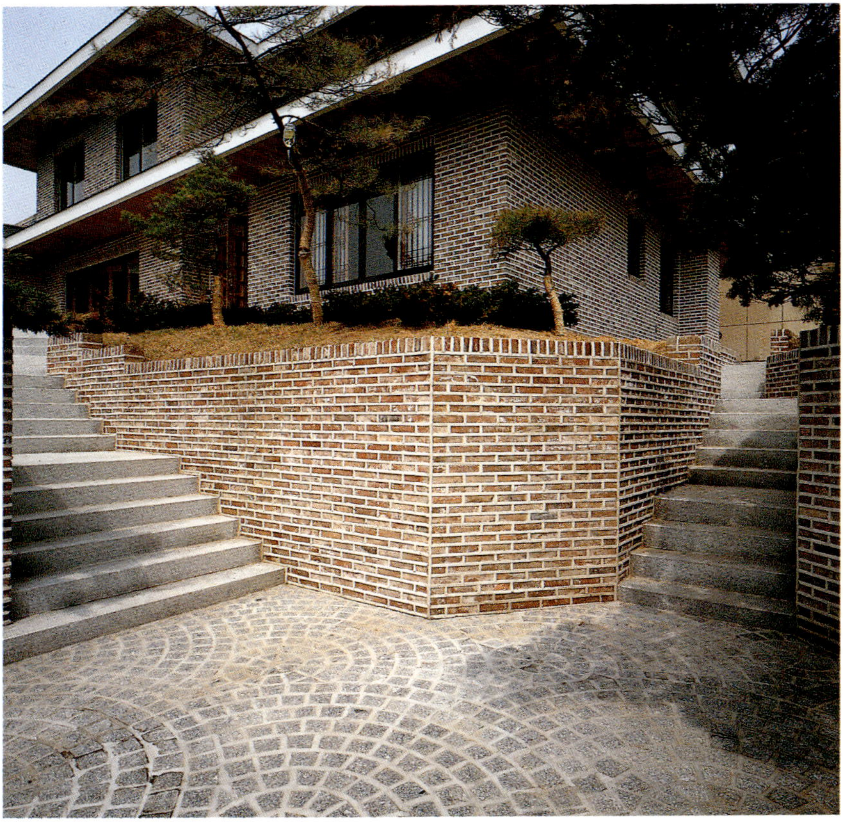

부채꼴의 층계참에서 왼쪽으로 오르면
현관으로 이어지고 오른쪽 길을 따라
오르면 부엌과 상추를 심어 먹으려고
조그맣게 일군 남새밭이 있는 뒤뜰로
이어진다.(위)
대문 안에서 현관까지 오르는 층계는
화강암으로 되어 있다. (오른쪽)

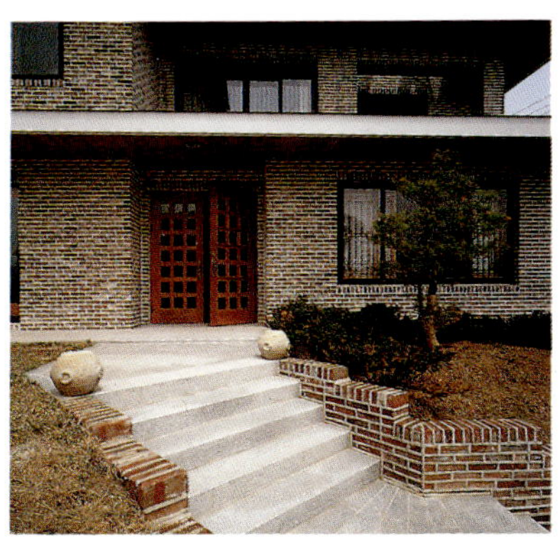

꼴의 층계참에서 왼쪽으로 오르면 현관으로 이어지고, 오른쪽 길을 따라 오르면 상추를 심어 먹으려고 조그맣게 일구어 놓은 뒤뜰의 남새밭이 나온다.

이 집의 모든 것이 그러하듯이 현관도 간결하고 두드러진 장식이 없다. 바닥엔 대리석을 깔고 벽과 천장은 본타일을 바르고 "고등학교 교실처럼" 흰칠을 했다.

현관의 왼쪽 벽에 잣나무로 짠 커다란 신발장이 있다. 이 집은 문틀이나 바닥이나 나무를 댈 만한 곳은 거의 모두 잣나무로 짠 것들이다. 잣나무는 단단하고 결이 예쁘고 한해만 두면 거기서 살아오르는 불그스레한 빛깔이 사람의 마음을 포근하게 함을 이 집 주인은 알고 있다.

현관 마루에는 세 딸의 방이 있는 이층으로 올라가는 차분한 층계가 보인다. 특히 높이 난 두 창문 층계 벽의 여백과 어울려 이루는 구도가 여간 품위가 있는 것이 아니다. 대문과 담과 함께 이 집 주인의 고집이 가장 많이 들어간 곳이 이 층계이다.

현관 마루에서 왼쪽 여닫이 문을 열면 거실이 나온다. 거기서 이 집을 방문하는 사람은 어둡고 칙칙했던 그 전 집에서 살면서 "광명천지"를 그리워했던 소원을 풀어 주는 탁 트인 실내 공간과 만나게 될 터이고, 집은 그 주인의 마음씨를 그대로 드러낸다는 사실을 실감하게 될 것이다.

화가 정탁영 씨 집의 **초여름 뜰**

정탁영 씨의 집은 서울 성북동 언덕 비탈에 있다. 대지 백서른평에 건평 일흔평인 이층집인데 초여름에 참으로 볼 만한 뜰이 있다. 대문은 북쪽에 있다. 거기서 현관 앞을 지나 붉은 벽돌을 깐 좁은 층계를 내려가니 칠팔십평쯤 되는 넓은 뜰이 나온다. 뜰의 남쪽과 동쪽은 검은 벽돌로 낮게 담을 둘러서 밖으로 내다보이는 경관이 시원스럽다. 뜰 동쪽에 얕은 언덕이 있는데 이웃집 축대가 막아서서 그대로 담노릇을 하며 담쟁이덩굴의 파란 이파리들이 그 위를 빽빽하게 뒤덮고 있다. 동남향으로 앉은 집 앞에도 조그맣게 동산이나 있다. 그 두 자리가 이 뜰에서 가장 녹음방초가 수북한 곳이라고 할 수 있다.

바닥이 맨흙이다. 뜰 가운데서 감나무와 산목련과 산벚꽃나무가 나란히 손을 잡고 있고 그 조금 뒤켠에 굵고 우람한 소나무가 맏형님처럼 서 있다. 그 밑에 나무들이 그늘을 이룬 자리에 돌들이 놓여져 탁자와 의자 노릇을 한다. 이 집 주인은 날씨만 좋으면 찾아온 손님을 으레 이 자리로 모신다. 담을 따라 갖가지 나무들이 늘어서서 울을 이룬다. 매화나무, 혼님나무, 느티나무, 찔레, 수수꽃다리

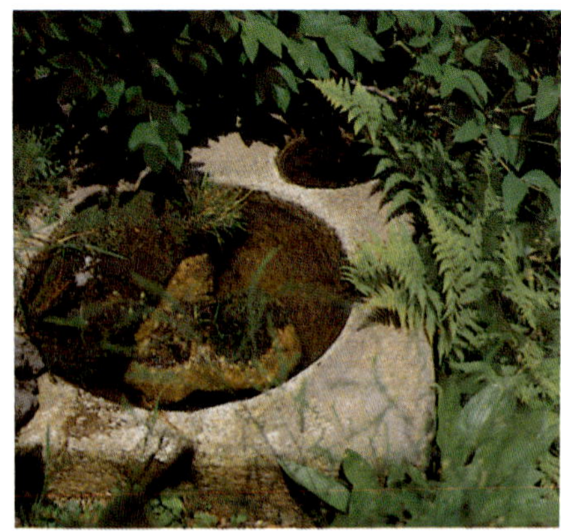

둥근 돌확에 석창포와 이끼가
자라고 있고, 그 주위를 갖가지
들풀들이 에워싸고 있는 모습
이 들냄새가 물씬 난다. 오른쪽
에 고사리처럼 생긴 풀은 갯가
에 나가면 흔히 볼 수 있는
호랑이눈썹풀이고 아래에 조그
마한 풀잎이 돌나물이다. 이름
을 모르는 들풀이 더 많다.

들이 있고 산수유, 그리고 산철쭉이 특히 많다. 동쪽 언덕에는 그런
것들말고도 까치밥나무와 아스파라거스와 진달래, 단풍이 가세할
뿐만이 아니라 갖가지 풀들이 숱하다. 집 앞의 동산에는 그 밖에도
모과나무와 마로니에까지 보이는데 화초가 많다. 아깝게도 져버렸지
만 모란, 꽃봉오리가 탱탱하게 부어올라 터질 날만 기다리는 작약,
시들긴 했지만 할미꽃에서부터 시작해서 나리꽃, 꿀꽃, 홍부용, 채송
화, 옥잠화 해서 낱낱이 열거하기가 어려울 지경이다. 그 사이에
석등이 보일락말락 하게 숨어 있다.

그 동산 옆으로 집 앞을 따라 석창포와 이끼를 담은 네모난 돌확
과 수련을 띄워 놓은 키가 작고 허리가 뚱뚱한 물독, 금붕어를 기르
는 물확이 있고 그 사이에 소나무 분재가 있으며, 특히 끝이 뾰족한
새파란 창포가 인상적이다. 뜰 여기저기에 갖가지 괴석과 석등을
비롯하여 비석을 받치는 하대석 같은 석물들이 많이 보인다.

민들레나 노란 미나리아재비 같은 들꽃들이 눈길을 끈다. 그뿐이
아니라 녹음방초 사이로, 주변으로 구석구석에 돌나물, 고사리, 고사
리 비슷한 갯가에서 흔히 눈에 띄는 호랑이눈썹풀, 댕댕이덩굴 따위
가 슬금슬금 기어다니고, 도라지와 더덕도 있다. 한마디로 이 뜰은

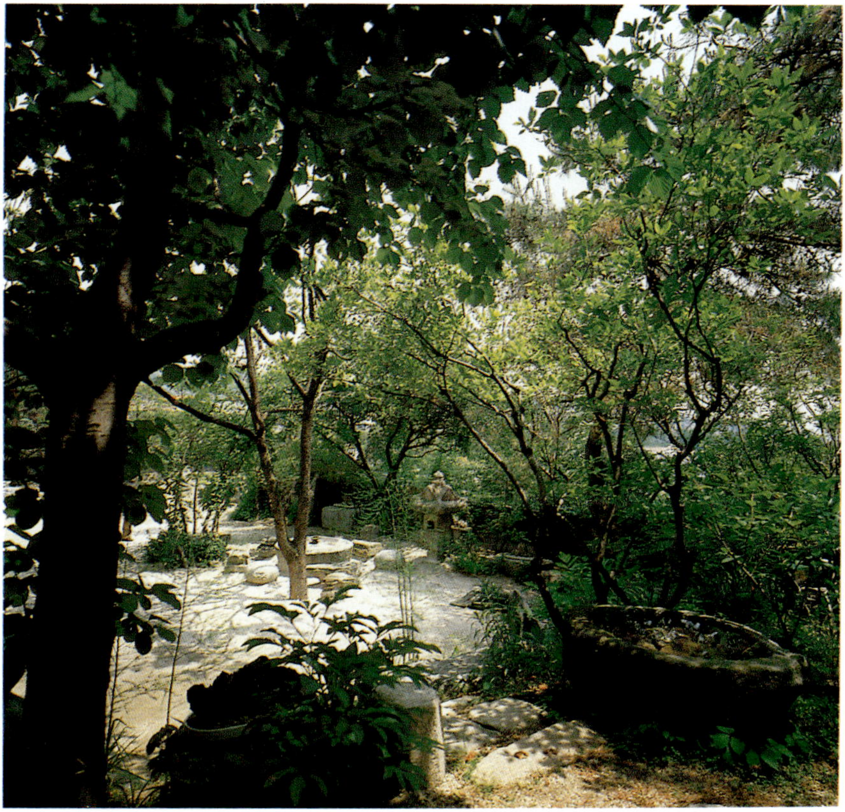

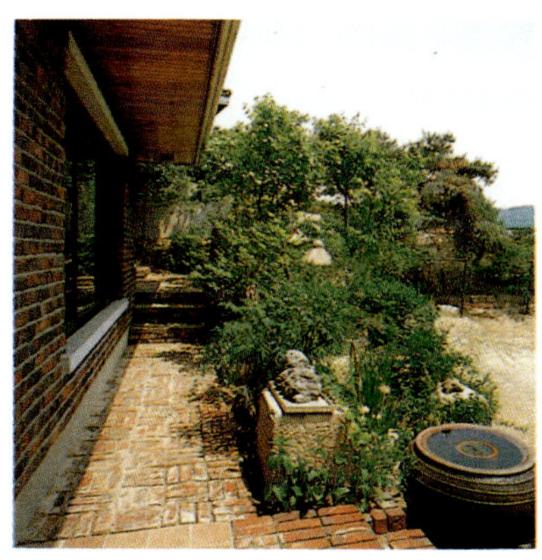

동쪽에 있는 언덕에서 뜰을 바라보았다.
가운데에 감나무가 있고, 그 뒤에 돌로
만든 탁자와 석등이 보인다. 왼쪽의 굵은
나무가 까치밥이고, 오른쪽의 돌확 뒤에
서 있는 나무는 진달래이다.(위)
집 앞의 화단. 괴석 앞에 창포가 보인다.
물독에 둥근 화분을 넣고 작은 수련을 띄웠
다. 오른쪽에 보이는 나무가 산벚꽃이다.
(왼쪽)

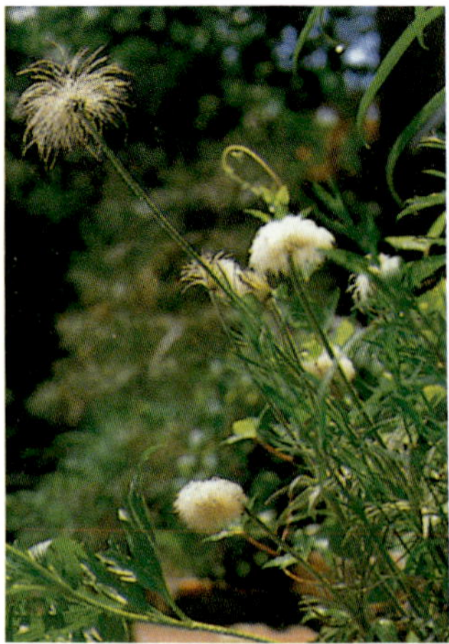

뜰 앞 화단에 있는 할미꽃. 사오월에 붉은빛을 띤 자줏빛 꽃이 꽃자루 끝에 한송이씩 달리며 꽃은 머리를 숙인다. 우리나라 특산종이며 양지바른 곳이면 어디거나 자란다. 이 할미꽃은 아쉽게도 시들었다. 이 집 주인은 이런 들꽃들에 대한 정성과 애정이 지극한 이다.

들내, 산내가, 주인의 표현을 따르면 "야취"가 듬뿍 담긴 뜰이라고 할 수 있다.

동양화가이며 서울 대학교 미술 대학 교수이기도 한 정탁영 씨는 열해가 넘게 이 뜰을 조금씩 가꾸어 왔다. 들이나 산에 나갔다가 마음에 들면 한 삽씩 푹 퍼다가 뜰에 내려 놓는 일이 많았다. 그래서 자신도 이름을 모르는 풀들이 있다.

그의 고향이 강원도 횡성이다. 고향에 있는 산에서 그런 나무들과 풀을 뜰에 많이 옮겨다 심었다고 한다. 뜰 동쪽과 서쪽 구석에 상추를 짭짤하게 심어 놓은 모습에서도 그의 그런 피가 엿보인다. 그는 지나치게 손이 닿은 뜰은 좋지 않다고 생각한다. 한국의 전통적인 뜰은 "도드라지게 꾸미는" 것에서 벗어나 깊은 호연지기를 허물없이 담았다고 말한다. 곧 자연의 섭리에 순응하고 기꺼이 섞이는 자세라는 것이다.

놀랍게도 제철이 지났건만 산목련 한송이가 만개한 모습으로 피어 있다. 하얀 꽃잎 안의 보랏빛 위에 연두색 화관이 얹힌 꽃술이 말할 수 없이 청초하다. 요즘 가정집이나 학교, 관공서에서 가장

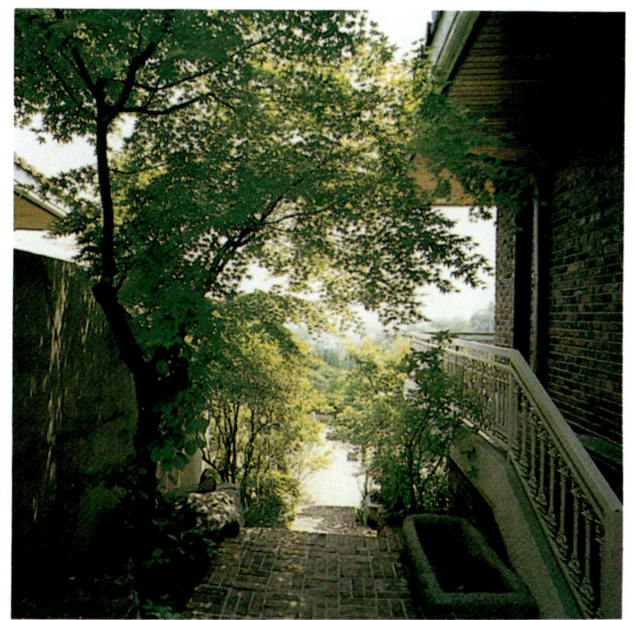

한국의 뜰을 도드라지게 꾸미
는 것에서 벗어나 자연의 섭리
에 순응하는 자세로 꾸민 이
집 대문에서 뜰로 이어지는
층계. 왼쪽에 단풍나무가 서
있다. 정오의 햇살이 뜰을 가득
채우고 나서 층계 위로 올라온
다.

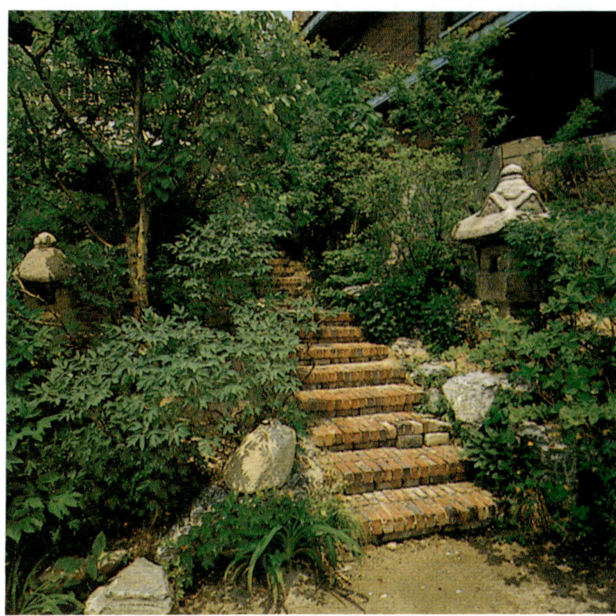

층계를 따라 뜰로 내려온다.
왼켠 숲에 모과나무가 서 있
고, 갖가지 나무와 화초들이
숲을 이루고 있어 석등이 가려
보일락말락 한다. 이 집 주인이
가장 좋아하는 모습이다. 층계
오른켠 아래에 민들레와 노란
미나리아재비가 보인다.

흔히 보는 왜목련을 어째 산목련에 비길까. 특히 산목련의 맑고 진한 향기는 넋을 빼앗을 지경이다. "어디 신식 장미 같은 서양 꽃들에 비깁니까. 거기선 서양 여자들 화장품 냄새가 나요." 저녁 때에 뜰을 산책하다 보면 그 냄새가 코에 살살 기어 들어오는 것이 기가 막히다고 한다. 그는 더덕의 냄새도 썩 좋아한다. 그 산목련 밑둥에 뎅뎅이덩굴과 함께 더덕 덩굴이 뻗어 오르고 있다. 가끔 뜰을 산책하다가 그 덩굴을 건드리면 물씬한 산냄새가 툭 쏟아져 나오는 게 그리 좋을 수가 없다고 한다.

요즘의 도회지 집들이 이 뜰의 모든 것을 흉내내기는 힘들 것이다. 또 그럴 필요도 없겠다. 그러나 우리가 보통 뜰에서 소외시킨 것들이 얼마나 많은 아름다움을 줄 수 있는가를 이 뜰은 새삼 깨우쳐 준다. 이 뜰에서 절실히 가르쳐 주는 바로 이 나라의 뜰들이 제 나라 흙이 빚은 풀과 토종꽃들을 얼마나 많이 잊어 버리고 사는가 하는 것이다. 제 나라에 가장 어울리고 자연스런 냄새와 빛깔을 잊어 버렸다는 사실이 과연 한가한 "시인"들이나 한탄해야 할 일은 아닐 것이다. 오늘날 정원이나 아파트 베란다 같은 데에 놓여 있는 꽃과 풀들이 거개가 서양꽃이요 풀들이기 마련이다. 기르기 쉽고 "사기 쉽기" 때문에 유행이 되고 있다. 꽃과 풀 가지고 국수주의하자는 건 아니지만 그러한 모습이 어쩌면 오늘날 우리 사회 전체가 빠져 있는 미학적 혼란과 무관심과 사대주의의 가장 직접적인 반영이라고 생각할 수는 없을까? 그리고 그것은 또 다른 모든 분야의 그런 굴종적인 모습들과 짝을 이루고 있는 것이 아닐까?

임송희 씨 집의 **초여름 뜰**

　화가 임송희 씨 집은 대문에서 현관까지 이웃집 담과 담 사이로 비좁게 난 골목을 따라 들어간다. 뜰로 가자면 현관 옆에 붉은 벽돌로 쌓은 층계를 내려서야 한다.

　뜰의 전체 모양은 기역자 꼴이다. 동쪽에 이웃집 담을 끼고 스무평 남짓한 작은 마당이 있고, 또 몇 걸음 앞으로 나아가 오른쪽으로 돌면 남쪽에 사오십평은 넉넉히 되는 너른 뜰로 이어진다. 그 남쪽 뜰 끝에 낮은 철제 난간이 세워져 있고 그것을 무성한 개나리잎이 덮어 숲을 이루었는데, 그 너머로 앞산 능선까지 한눈에 탁 트여 경관이 좋다.

　뜰 서쪽은 막바로 소나무들이 무성한 산비탈이 펼쳐진다. 소나무를 몹시 좋아하는 이 집 주인은 바깥 풍경이 훤히 내다보이도록 담 대신에 철사를 성기게 엮어 울로 삼았다. 그 울 안으로 우람한 바위가 들어와 길게 누운 대담한 모습은 여느 집 얌전한 뜰에서도 좀체로 보기가 어려운 장면이다.

　옛날에 이 땅에 살던 사람들은 집이 들어설 자리를 고르는 일에서 자연과의 어울림을 퍽 중요하게 여겼다.

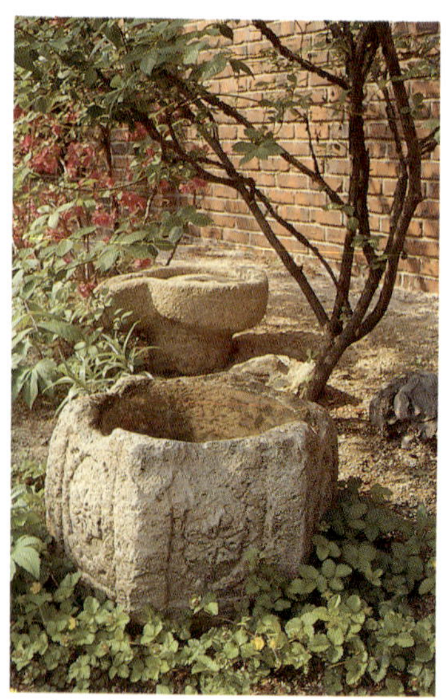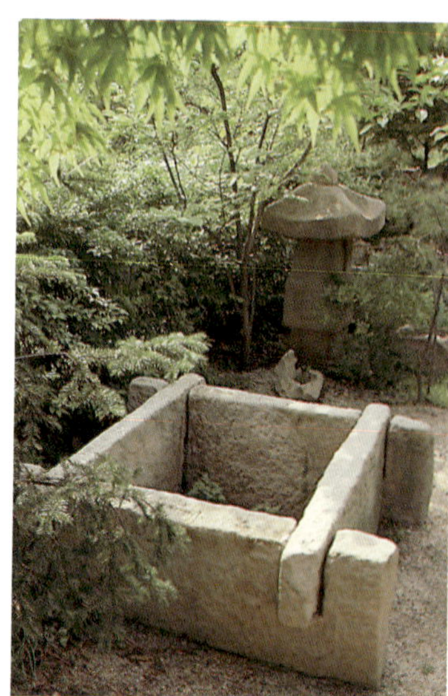

뜰에 없어서는 안 되는 것이 물이라서 조그맣게 연못을 내고 싶었으나 그러기엔 뜰이
비좁아 대신 물확을 마련했다. 뜰에 널린 다섯개의 물확 중 그가 가장 아끼는 것이
집 쪽 화단에 있는 육각 돌물확이다. 배꽃과 안상이 새겨진 이 돌물확의 질박한 모습
이 자연스럽다.(왼쪽)
남쪽 뜰에 있는 우물. 속이 메워져 있기는 하나 푸른 나무와 풀들과 어울려 이 뜰에
그윽한 분위기를 훨씬 더해 준다.(오른쪽)
동쪽과 남쪽의 두 뜰이 포개어지는 구석 자리. 녹음이 우거진 가운데 펑퍼짐한 물확
과 세죽, 석창포의 분재가 어울려 시원한 느낌을 준다. 집 주인은 가끔 친구들을 불러
다가 이곳에서 둘러앉아 차를 나누며 이야기를 즐기거나 그림을 그리다가 지치면
홀로 나와 앉아 생각에 잠기기도 한다.(옆)

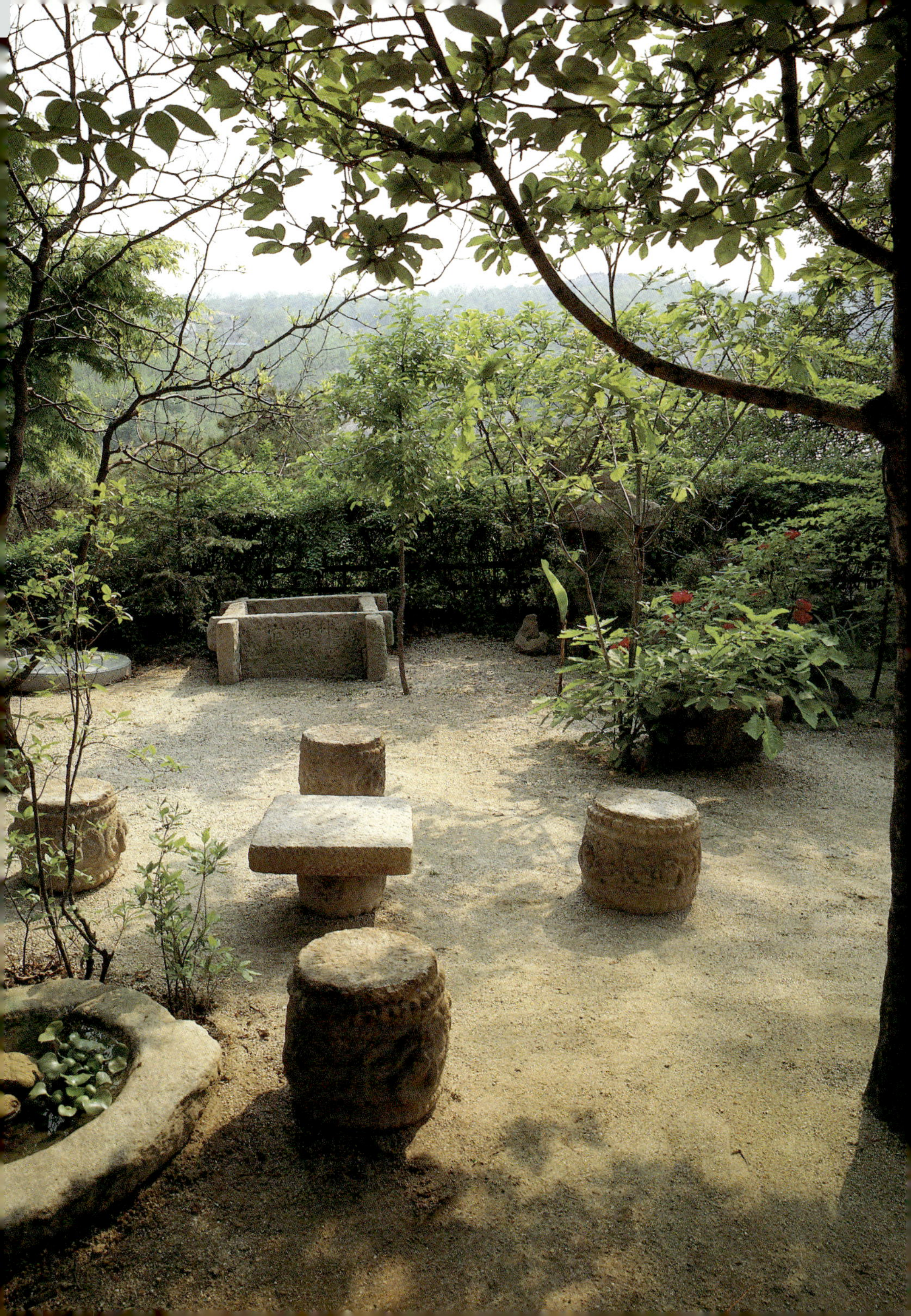

뜰을 꾸밀 때에도 울 바깥의 풍경을 제 마당의 일부로 여길 줄 아는 갸륵한 관습이 있었다. 이 뜰의 자랑도 울 바깥의 멀고 가까운 풍경들을 뜰 안에 흔쾌히 "끌어들인" 데에 있다.

동쪽의 뜰에는 전나무, 소나무, 돌배나무가 연을 띄운 크고 네모진 돌 물확 언저리에 서 있다. 집 쪽으로는 화분과 조그마한 소나무 분재들이, 이웃집 담을 따라서는 석대 위에 얹은 괴석들이 늘어서 있다. 이 집 뜰에서 녹음이 가장 우거진 곳은 동쪽과 남쪽의 두 뜰이 포개어지는 구석 자리이다. 수수꽃다리, 고욤나무, 대추나무, 단풍나무가 담에 붙어서서 이웃집을 가렸고, 그 앞에 굴참나무, 계수나무, 잣나무, 산벚꽃나무 들이 뒤섞여 서 있는데, 그 밑으로 넓게 드리워진 그늘에, 물망초를 심은 얕고 펑퍼짐한 물확과 세죽과 석창포의 분재가 어울려 시원한 느낌을 준다.

개나리로 두른 남쪽 울을 따라 꽃이 활짝 핀 키 작은 자목련 두 그루, 그 사이에 어울려 꽃이 반쯤 열린 백목련, 산벚꽃나무, 느티나무, 토종 모과나무, 가지와 잎이 옆으로 넓게 퍼진 소나무 들이 늘어섰고, 뚝 떨어진 구석자리를 돌배나무가 점령하고 있다. 또 집 쪽에 붙은 화단 위에는 백목련, 가죽나무, 감나무, 철쭉, 앵두, 산수유 같은 나무들이 자라고 있다.

나무들 사이사이와 돌 언저리에 고비나, 뱀딸기, 돌나물 같은 야생 풀을 불도저가 파헤치는 야산에서 한 삽씩 퍼다가 심거나 덩굴나무를 슬쩍 얽어서 주인 말마따나 정말 "야취"가 난다. 뜰 구석에 돋아난 도라지와 다복속한 들국화도 그가 특히 아끼는 풀로서 들냄새를 즐기는 그의 심성을 말해 준다.

소나무의 가지가 옆으로 퍼지는 것은 땅 밑이 암반이라 뿌리를 깊이 내리지 못하기 때문이라고 한다. 임송희 씨는 그 든든한 소나무를 늘 흐뭇한 마음으로 바라본다. 그가 가장 좋아하고 아끼는 나무가 소나무이다. 그래서 서쪽 바위 위에 줄지어 선 소나무 다섯

그루와 그 너머 솔밭으로도 모자라, 동쪽 뜰의 전나무와 수수꽃다리도 구석으로 밀어붙이고 소나무로 바꿔 심을 작정이며, 앞집 늙은 소나무가 장해서 "차관"을 하려고 곧 슬쩍 제 집 뜰의 풍경으로 삼으려고 개나리 울을 더 낮출 생각이다.

옛날 선비들은 소나무의 정갈한 기품과 지조를 아껴서 매화, 난초, 국화, 대와 더불어 높이 쳐서 뜰 앞에 심어 놓고 즐겼었다. 그러나 요즈음에는 향나무와 주목은 상록수에 밀려 여염집 뜰에서 보기가 드물고, 있더라도 구석에 빙충맞게 자지러져 괄시를 받는 형편인 것이 안타깝다.

이 뜰에 있는 나무들은 집이 지어지기 전부터 있었던 것도 있으나, 그가 하나 둘씩 어린 묘목을 사다가 몸소 심고 키운 것들이 대부분이다. 아카시아를 빼 놓고는 이 땅의 산천에 나는 모든 풀과 나무를 좋아한다는 이 집 주인은 뜰을 거닐면서 그 다양한 나무들의 이파리를 하나하나 세심하게 확인해 보는 것을 커다란 즐거움으로 삼는다.

크기가 손톱만한 잡풀이 집 쪽에 붙은 화단에서 살살 기어나와 드문드문 땅을 차지하고 있다. 그는 그 풀의 이름을 잘 모른다. 그러나 싸리비로 거칠게 쓸어내도 끄떡없는 이 들풀이 마당에 깔린 빛깔도 "그까짓 잔디"에 못지 않거니와 잔디처럼 수시로 깎아 주지 않아도 들쭉날쭉하지 않게 클 만큼만 커서 여간 대견스럽지가 않다. 또 그 "야취"는 말할 것도 없고.

요즘은 뜰을 가꿀 때에 잔디를 까는 것이 상식처럼 돼 버렸지만, 전통적인 우리나라 뜰에서는 맨 땅을 그냥 두었을 뿐 아니라 제대로 격식을 갖춘 뜰에서는 돌을 골라내고 습기가 마르지 않도록 물을 정성껏 주어, 말하자면 "흙을 가꾸어" 이끼를 길렀다. 비로드같이 부드러운 이끼는 한여름에는 짙푸르고 겨울에도 은은하게 남색을 낸다. 이에 견주면 우리나라에서 잔디는 여름을 전후해서 넉달밖에

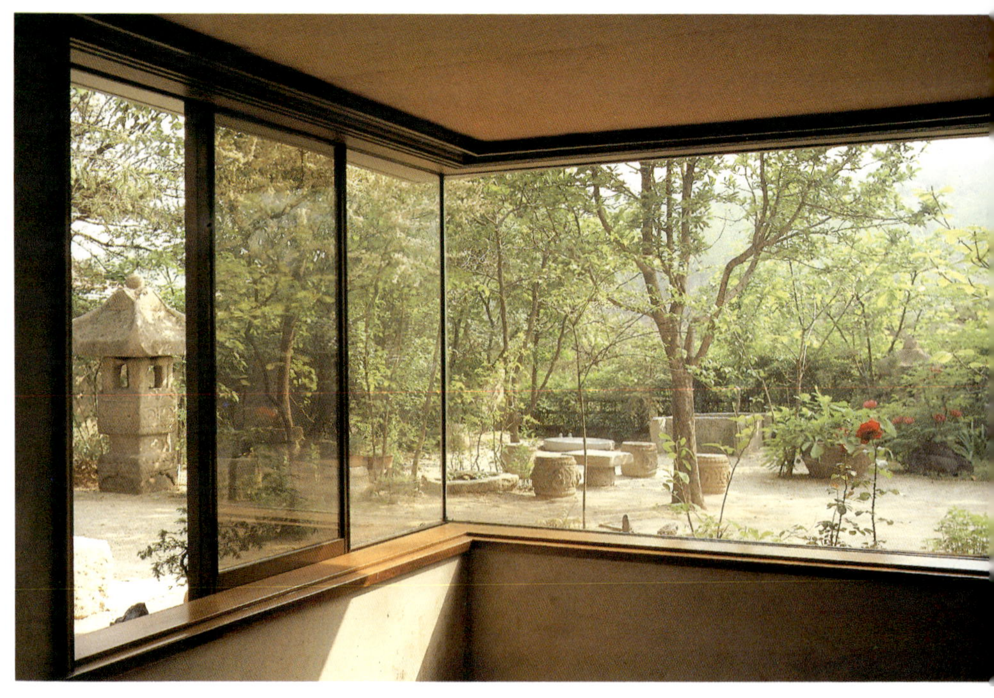

즐길 수 없다고 하며 나무나 담 밑에 햇살이 모자란 곳에는 성기게 자라서 볼품이 없고, 또 지저분하기도 하다. 사람과 시대에 따라 취향이 다르긴 하겠지만, 가뜩이나 사라져 가는 맨 땅도 맛볼 겸, 이끼의 그윽한 정취도 맛볼 겸 해서 뜰에 이끼를 길러 보면 어떨까? 이렇게 말하며 잔뜩 벼르는 임송희 씨 자신은 게을러서 아직 못하고 있다고 한다.

이 집 뜰에는 돌이 많다. 그는 참 오랫동안 돌을 모아 왔다. 괴석과 수석이 많아서 뜰 구석구석, 나무 사이사이에 널려 있으며 모은 이를 알 수 없는 동자상이나 석탑도 담에 붙어 서 있고, 작은 맷돌도 있다. 그는 오래된 돌의 마멸된 모습에서 느껴지는 그윽함, 세월감, 옛 사람들의 소박한 심성이나, 이름없는 조각가들의 어눌하면서도 화실에서 푸른 뜰을 내다보았다. 나무들 사이사이와 돌 언저리에 있는 야생풀들에서 야취가 난다. 이 집은 화실을 위주로 지어졌는데 화실 안으로 뜰의 싱그러운 풍경이 맘껏 들어오게 되어 있다.(왼쪽)
동쪽 뜰 담 앞에 세워진 동자상. 이름없는 조각가들이 만든 이런 돌들을 집주인은 무척 흐뭇하게 여긴다. 옛 사람들의 꾸밈 없고 소박한 심성과 정서가 깃들어 있을 뿐만이 아니라 그 마멸된 모습에서 그윽한 세월감을 느낄 수 있기 때문이다.(오른쪽)

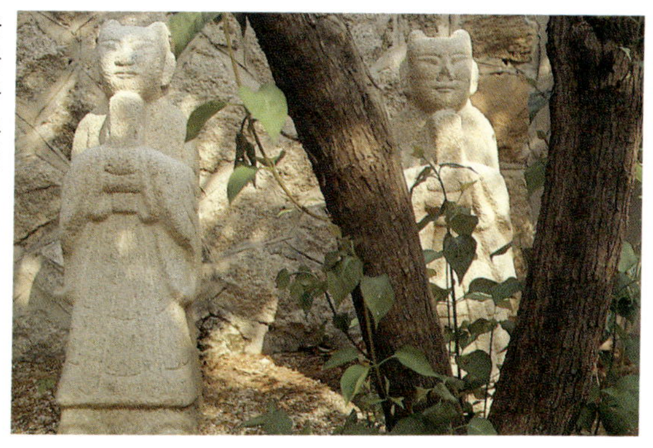

꾸밈 없고 깊은 정서에 한없이 푸근한 맛을 느낀다. 다만 그 스스로도 이 뜰에는 돌이 너무 많다고 생각하나, 하나 둘 좋아서 들여 놓다보니 그렇게 된 것이고, 버리기는 아까우니 어쩔 수 없다고 한다.

뜰에 없어서는 안 되는 것이 물이다. 그는 조그맣게라도 연못을 내고 싶었다. 그러나 그러기엔 뜰이 비좁고 번거롭기도 해서 그 대신에 마련한 것이 물확이다. 이 뜰에는 큰 놈, 작은 놈을 합쳐서 물확이 다섯개나 된다. 연꽃을 띄워 놓은 동쪽 뜰의 물확이 가장 큰데, 딸들이 어렸을 때는 거기에 들어가 미역도 감았다. 또 화실 창문을 열어 긴 손잡이를 단 표주박으로 그곳에서 물을 떠서 먹을 갈기도 한다. 그러나 무엇보다도 그가 가장 아끼는 것은 배꽃과 안상이 새겨진 육각 물확이다. 그 앞에 쭈그려 앉아 그 소박한 무늬에 감탄하는 모습이 그가 천상 화가라는 생각을 들게끔 한다.

이 집 주인은 대나무에 "한이 맺힌" 사람이다. 세해를 두고 대를 키워 보려고 "별짓을 다 했으나" 겨울이 추운 서울 날씨 탓에 번번히 실패를 거듭하고 말았다. 지금은 조그마한 세죽 분재로 그 안타까움을 달랠 수밖에 없다.

이 뜰이 사실 좀 정리가 덜 되고 더 손을 봐야 할 생경한 부분이 아주 없는 것은 아니다. 주인 자신이 그 점을 잘 알고 있다. 그의 말에 따르면, 이 뜰은 아직 잠정적인 형태이며 "공사중"이다.

그러나 무엇보다도 이 뜰에 한 가지 아쉬운 점은 뜰이 거실과 너무 멀고 격리되어 있다는 것이다. 뜰이란 옥외실 곧 집 밖에 있는 또 하나의 방으로서 실내의 공간이 밀착되어야 제격인데, 이 집 뜰은 거실에서 나오려면 현관을 통해서 빙 둘러나와야 하는 번거로움이 있다. 이것은 이 집이 주로 화실을 중심으로 해서 지어진 탓인데, 화실에서는 넓은 유리창으로 정원을 맘껏 내다볼 수 있으며 문만 열면 쉽게 정원으로 나올 수가 있다.

화가 송영방 씨 집의 여름 뜰

성북동에 있는 동양화가 송영방 교수의 집 마당은 "조경"한답시고 매끄럽게 다듬어 꾸며 놓은 요즈음 정원들과는 다르다. 곱게 입힌 잔디밭 대신에 맨흙에 온갖 잡초들이 무성하게 들어찬 것은 말할 것도 없거니와, 뜰을 가득하게 채운 화초나 나무의 종류가 거개의 집 마당에 으레 등장하기 마련인 외국 태생의, 외국 이름을 가진 꽃이나 상록수들이 아닌 우리나라의 야생초나 토종 나무들이다. 또 그 토종 나무들이 온갖 손질을 거쳐 보란 듯이 단장을 하고 있는 것이 아니라 어찌 보면 제멋대로, 자연 그대로 한데 어우러져 자라고 있다.

송 교수는 그이의 집이 언덕배기 땅이어서, 앞 뜰 곁담 너머로 국민학교 교실 건물이 길쭉이 버티고 서 있어 집터로선 사실 문제점이 많지만, 이곳을 택하게 된 데는 자생 나무, 특히 소나무에 대한 애착이 크게 작용했기 때문이라고 한다. 바로 그 터에 서 있던 크고 작은 소나무며 칠팔십년쯤은 넉넉히 되었을 듯한 참나무들이 그 터의 이런 저런 단점에도 불구하고 그의 마음을 휘어잡았던 것이다. 다른 사람들이라면 축대를 쌓아 땅이라도 돋우어 집을 지었으련

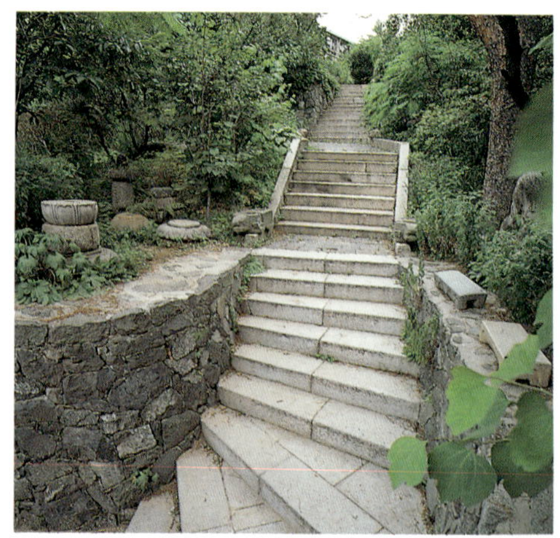

맨흙에 온갖 잡초들이 무성하고 자연 그대로의 토종 나무들이 한데 어우러져 있는 이 집의 대문을 막 들어서면 언덕배기의 뜰을 통해 집으로 올라가는 섬돌들이 쭉 전개되어 보인다. 뜰은 누워 있는 땅거죽 그대로를 살려가며 여러층으로 자연스럽게 만들었다.

만 "자연 그대로"를 무엇보다도 소중하게 생각하는 그의 고집스러움이 뜰도 있는 그대로의 누워 있는 땅거죽의 언덕을 살려 가며 여러 층으로 자연스럽게 이루어 놓았다.

현관을 가로막다시피 한, 웬만한 사람들 같으면 베어 버렸을 성싶은 참나무와 나무를 "모셔 가면서" 집을 앉힌 모양을 보면 집 주인의 자연 그대로를 아끼는 심정이 얼마나 지극한지를 알 수 있다.

바닥을 온통 덮어 버린 잡초들, 이를테면 질경이, 민들레, 제비꽃 또는 이름 모를 들풀까지도 다른 집 뜰에 잔디 사이에서 자랐더라면 당장에 뽑혀 버렸기 십상인 것들이지만 이 집 뜰에선 "당당한" 화초의 몫을 해서 밟고 지나기조차 조심스럽게 느껴진다. 그 중에는 집 주인보다도 먼저 그 터와 인연을 맺고 있던 것들도 있고, 혹은 씨가 날아와서 자연히 자라난 것도 있으며 또 집 주인이 열심히 찾아나가 심어 놓은 것도 있다. 큰 나무들은 제쳐 놓고라도, 이 집 뜰의 야생초 중엔 도회지에서는 구경은커녕 그 이름조차 듣기 힘든 것들, 이를테면 원추리, 꿀풀, 자운영, 부용, 산나리, 창포, 붓꽃, 초롱꽃, 산국화, 띠새, 며느리밥풀꽃 같은 것들이 자라고 있어 살아 있는

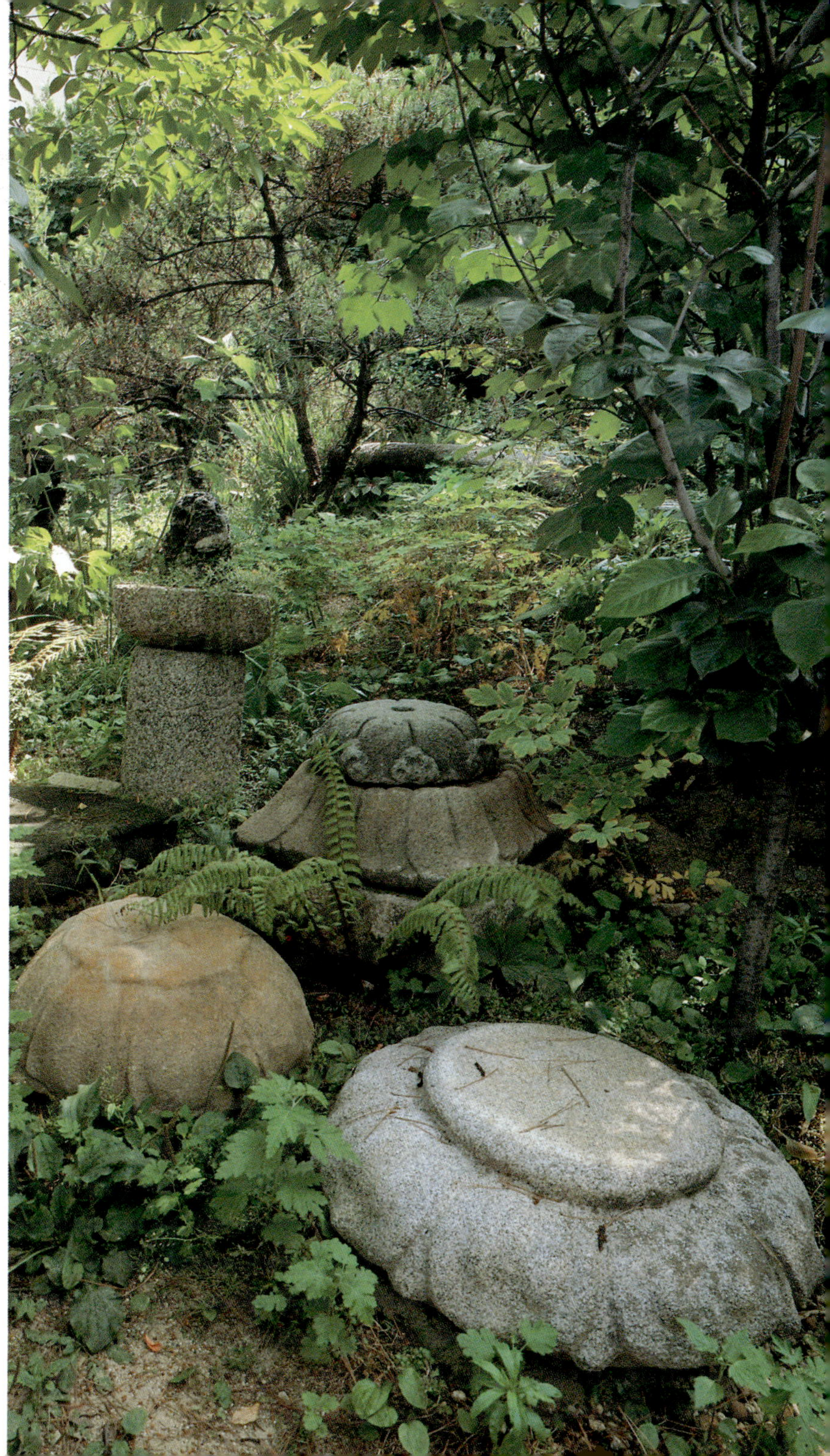

온갖 잡초와 토박이 나무들 사이에 여기저기 놓여 있는 신라 시대, 고려 시대의 연화대나 하대석 들이 보인다. 뜰의 곳곳에는 신라 시대의 주춧돌이나 우물, 동자상, 석등, 물확 들이 있다.

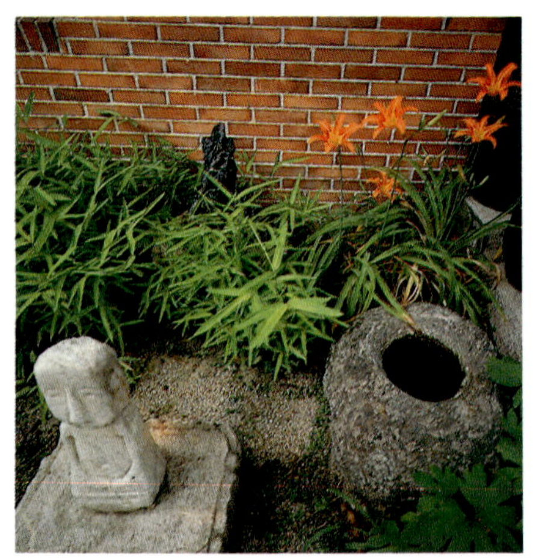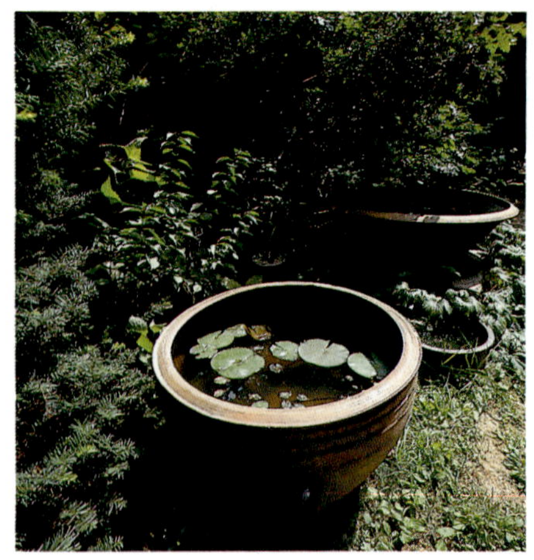

큰 나무들은 제쳐 놓고라도 이 집 뜰의 야생초 중엔 도회지에서는 구경은커녕 그 이름조차 듣기 힘든 것들이 많이 있다. 민불과 돌물확이 놓여 있는 뒤로 원추리와 땅딸보 대가 심겨진 것이 보인다.(왼쪽)
물 담은 옹기 소래기에 수련이 떠 있다. 공들인 정원일수록 사람의 손길이 억지로 만들어낸 "죽은" 느낌만이 드는 요즈음의 뜰과는 그 소재부터 대조적이다.(오른쪽)
돌물확 옆에는 바위단풍, 옥잠화, 바위창포 들이 무성히 자라고 있다. 멀리에는 넓적한 상석과 주위의 하대석이 훌륭한 옥외 응접 세트를 이루고 있다.(옆)

"식물 도감"이라도 보는 듯하다.

그런 들꽃들이 제때에 피면 주인의 마음이 훨씬 더 흙에 가까워진다고 한다. 게다가 등나무꽃이나 모란, 작약, 목련, 매화, 찔레꽃 들이 필 무렵이면 서양꽃들이 만발한 마당에서는 느낄 수 없는 정다웁고 은근한 화려함이 아름답게 펼쳐진다. 사실 꽃시장이라고 가 보았댔자 외국 태생의 개량종 화초들이 판을 치고 있는 터이라 도회지에서 그런 야생초와 전통 화초를 구하기란 그리 쉽지 않다. 서울에서는 일요일마다 서는 동대문의 꽃시장에 가면 간혹 시골에서 캐온 들꽃이나 꽃나무들을 발견할 수가 있다. 송 교수의 뜰에 핀 들꽃들은 그이가 돌아다니며 손수 캐온 것들이 많다.

나무들 역시 행여나 쓸데없이 가지가 비죽이 튀어 나올세라 몽글

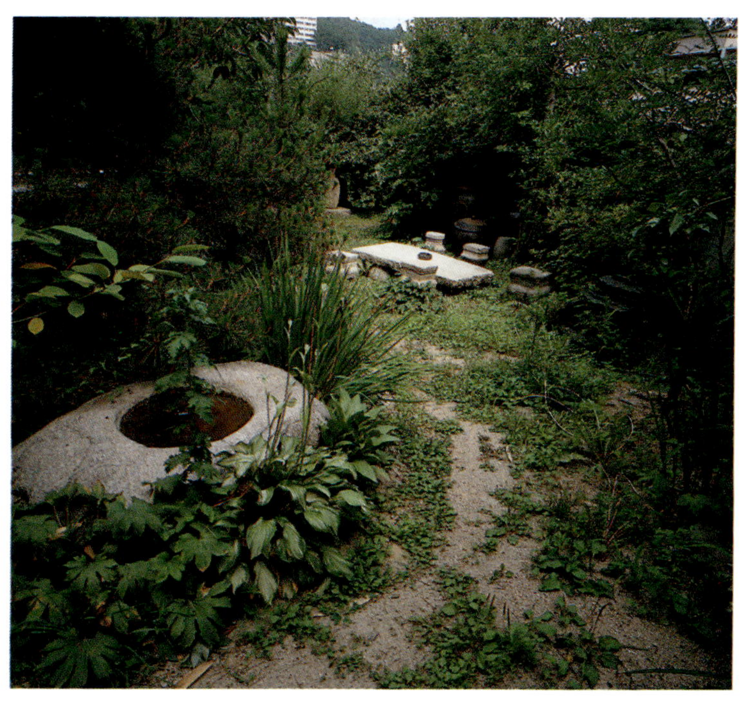

몽글하게 얌전히 다듬어 놓은 외국 종자는 한 그루도 없고 모두가 우리나라의 자생 나무들이다. 그리도 마음에 든다는 소나무며, 참대, 참나무, 떡갈나무, 싸리나무, 단풍나무, 대추나무 , 아가위나무, 감나무, 팥배나무, 돌배나무, 회화나무, 매화나무 들이 대개가 심을 자리를 골라 심은 것들이겠지만 저절로 씨가 날아와 자리잡은 것처럼 자연스럽게 얽혀 숲을 이룬다. 그래서 바람이 불 때면 그 나무들의 나뭇잎들이 서로 스치는 소리가 바람결 못지 않게 시원한 느낌을 준다. 공들인 정원일수록 사람의 손길이 억지로 만들어낸 "죽은" 느낌만이 더 드는 요즈음의 뜰과는 그 소재에서부터 대조적이다. 하긴 이 집 뜰은 "깐깐하고 매끄러운 것과는 거리가 먼 집 주인의 털털한 성격이 그대로 드러난다"는 주위의 귀띔에 맞는 듯하다.

송 교수 집 마당을 얘기하면서 또 한 가지 빠뜨릴 수 없는 것이 돌이다. 석물과 괴석에 대한 집 주인의 애착은 대단한 것이어서 이젠 갖다 놓을 자리도 없을 정도로 모아다 들여 놓았건만 아직도 마음에 드는 돌을 보면 탐이 나서 못 견딘다. 동양화가이니 괴석을 즐기는 것은 당연하겠으나 그이는 괴석 중에서도 매끈하게 다듬어진 것들 말고 자연 그대로의 깡마르고, 시커멓고, 단단한 것 들에 늘 눈독을 들인다. 그이는 석물류도 대체로 삼국 시대부터 나이를 먹어온 오랜 세월 동안 풍화 작용을 거치며 곰삭은 것들을 유난히 좋아한다. 대개 석물에 취미가 있는 사람들이 처음에는 완벽한 것, 조각이 뚜렷한 것들을 찾다가 점차로 이런 저런 흠들을 너그럽게 봐주게 되고 부분적인 장점보다는 전체적인 아름다움을 찾게 된다니, 그런 점에서 송영방 씨의 눈은 무르익었다고 하겠다.

석등의 받침이나 중간 받침이었을 법한 연화대나 하대석들이 뜰의 곳곳에 놓여 있고 신라 시대의 주춧돌이나 우물, 동자상, 석등, 부도 부속, 물확 그리고 맷돌에서 다듬잇돌까지 온갖 것들이 여기 저기 눈에 띈다. 북돌 위에 올려 놓은 넓적한 상석과 주위의 하대석은 날이 더운 여름날엔 훌륭한 옥외 응접 세트가 된다. 상석 위의 재떨이에 묵은 담배 꽁초가 수북한 것으로 보아 여럿이 꽤나 오래 앉아 그이의 뜰을 한껏 감상하고 갔던 성싶다. 석물의 식구가 계속해서 불어나긴 하지만 대부분이 이미 오래 전에 모은 것들이어서 주위에 바위단풍과 석창포 같은 풀이 자라고 바닥에서 자라기 시작한 이끼가 기어 올라와 이젠 아예 땅의 한 부분이 되어 버린 듯하다.

지난 봄에 소나무 가지에 까치가 집을 지었다. 그이가 까치 준답시고 마당에 콩을 뿌려 놓았더니 먹다 남은 콩들이 신통하게도 싹이 터서 생각지도 않던 화초가 한 가지 더 늘었다 한다.

숨결 새벌 씨 집의 뜰

경기도 과천시의 낡은 농가를 개조한 화가 숨결 새벌 씨의 돌담집
은 그린벨트로 묶여 있는 산등성이에 에워싸여 이젠 동네에서 유일
하게 남은 한옥으로 이내 눈에 띈다. 대지는 이백평 남짓하지만
울타리를 대신해 주고 있는 뒷산이 아직은 개발되지 않았으니 마치
산 전체가 제 땅인 듯한 위치에 있다.

최소한의 수리만 끝내고 이사를 하려 했던 것이, 눈에 드러나지는
않았으나 결국 집을 거의 다시 짓다시피 할 정도로 땀과 정성을
쏟아 넣었다.

가장 애를 먹은 부분은 역시 기와를 새로 올리고 돌담을 쌓은
일이었다. 너도 나도 한옥에서 벗어나고 싶어하던 시절에 서울의
동대문이나 미아리, 삼청동 등지의 공사터에서 버려진 기와들을
일일이 골라 날랐다. 돌담에 쓰여진 돌들도 과천의 이곳저곳에 버려
지고 널려져 있던 돌들을 서른 수레나 들여다가(일꾼들의 도움을
받긴 했지만) 손수 진흙을 이겨 쌓아 올렸다. 이렇듯이 이녁 손이
닿아서 그런지는 몰라도 지난번 수해 때에도 끄떡 없었던 것이 여간
대견스럽지가 않다.

바자로 엮은 사립문을 열고 안으로 들어서
면 마주 보이는 사랑채와 채소밭이 몇해
전부터 기와 지붕을 두고 말이 많더니 두어
해 전에 시청에서 나왔다는 이들이 페인트
칠을 해 버려 볼썽 사납게 되어 버렸다.

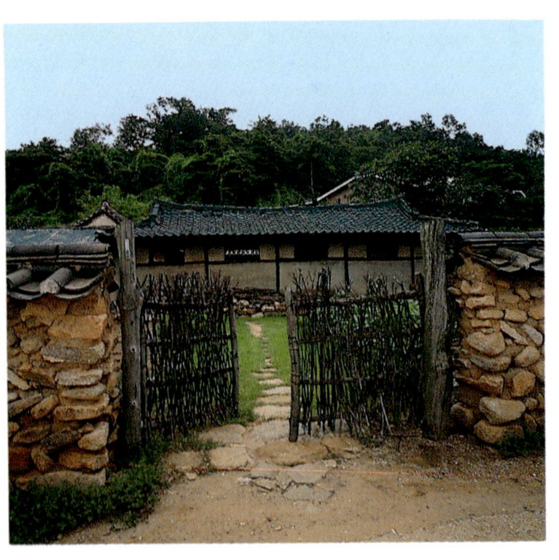

바자로 엮은 사립문을 열고 들어서면 사랑채 앞으로 채소밭이
있다. 김장용 배추나 무우를 비롯해서 고추, 콩, 상추, 대추, 구기자
에 이르기까지 웬만한 것들은 손수 가꾸어 먹는다. 단순한 취미만을
목적으로 시작한 것이 아닌 만큼 밭일에는 틈나는 대로 온 식구가
동원된다. 이것이 가끔 아이들로 하여금 투덜거리게 하는 원인이
되기도 하지만, 수확의 어려움을 아는 만큼 음식의 고마움을 알게
되는 것은 당연한 일이다. 사랑채에는 전에 외양간으로 썼음 직한
칸도 있는데, 그저 화실이자 아이들의 공부방인 사랑방 하나만 쓰고
있을 뿐이다.

안채에는 내외가 쓰는 안방과 딸들의 침실로 쓰고 있는 건넌방,
그리고 아들방인 부엌 옆의 찬방이 있다. 겉으로 보아선 그저 오래
된 한옥일 뿐이지만, 기와를 비롯해서(사실 기둥만 빼 놓고는) 손이
안간 곳이 없다. 워낙 버려지다시피 한 집이었기 때문에 새로 회벽
을 치고, 기와를 갈고, 도배를 해 보았자 공들인 것에 견주면 그리
빛나게 새 집이 된 것도 아니었다. 그렇다고 해서 결코 반짝거리는
새 집을 바랐던 것은 아니다.

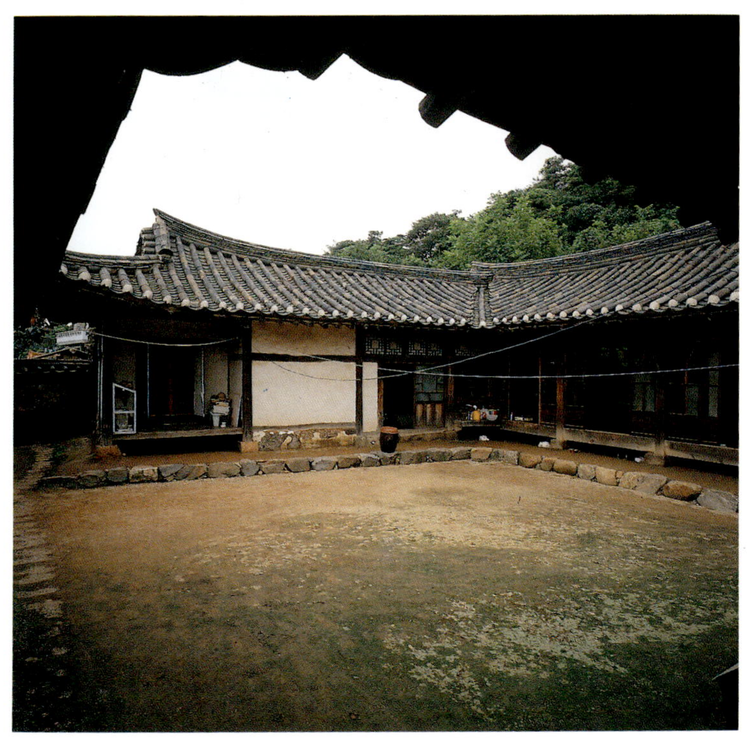

사랑채의 문간에서 앞마당과 안채를 바라보았다. 기와를 이는 것부터 도배까지, 새 것보다는 버려진 것을 써서 자연을 그대로 살리고자 꼼꼼히 공을 들였다. 왼쪽으로부터 차례로 아들방, 부엌, 안방, 대청, 그리고 딸들의 침실로 쓰고 있는 건넌방이 보인다.

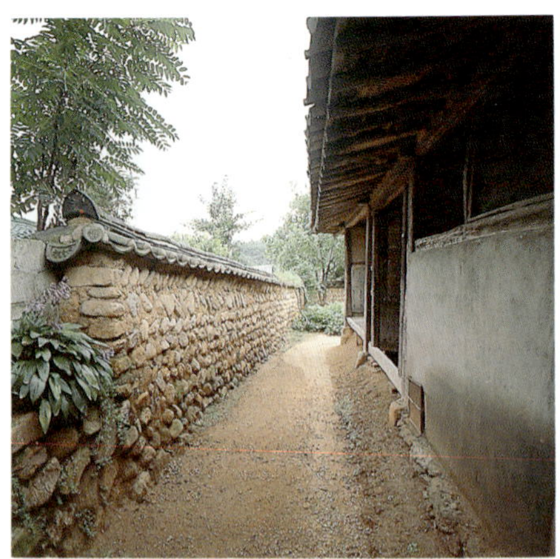

하나하나 손수 쌓아 올린 돌담 사이에 집 주인이 심은 토종 "옥잠화"가 무럭무럭 자란다. 사진에 드러나 있는 사랑채의 가운데쯤에 문간이 있으나 지금은 쓰지 않고 사랑채를 끼고 돌아 드나든다. 저 끝으로 남새밭이 보인다.

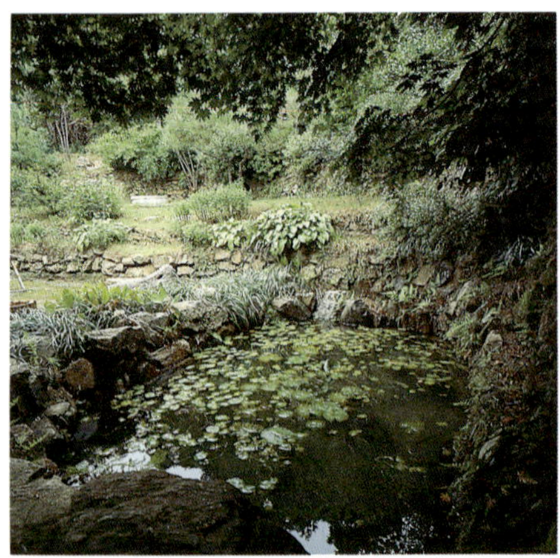

연못 바닥은 시멘트도 치지 않고 주위엔 그저 돌만 쌓아 그대로 흙일 따름이면서도 물이 전혀 새지 않는 것이 신기하다. 뒷산에서 흘러내리는 물은 흙 연못에 이르러서도 늘 맑고 시원하다.

뒤뜰로 통하는 입구에 자그마한 연못을 파고 곁에 등나무를 올린 정자를 만들었다. 연못 바닥도 시멘트를 바르지 않고 흙 그대로이다. 정자 기둥에는 등나무를 올리고 그 바닥에는 화강암을 깔았는데 여름엔 공부방이나 식당으로, 찾아드는 손님을 맞는 응접실로 알맞다.

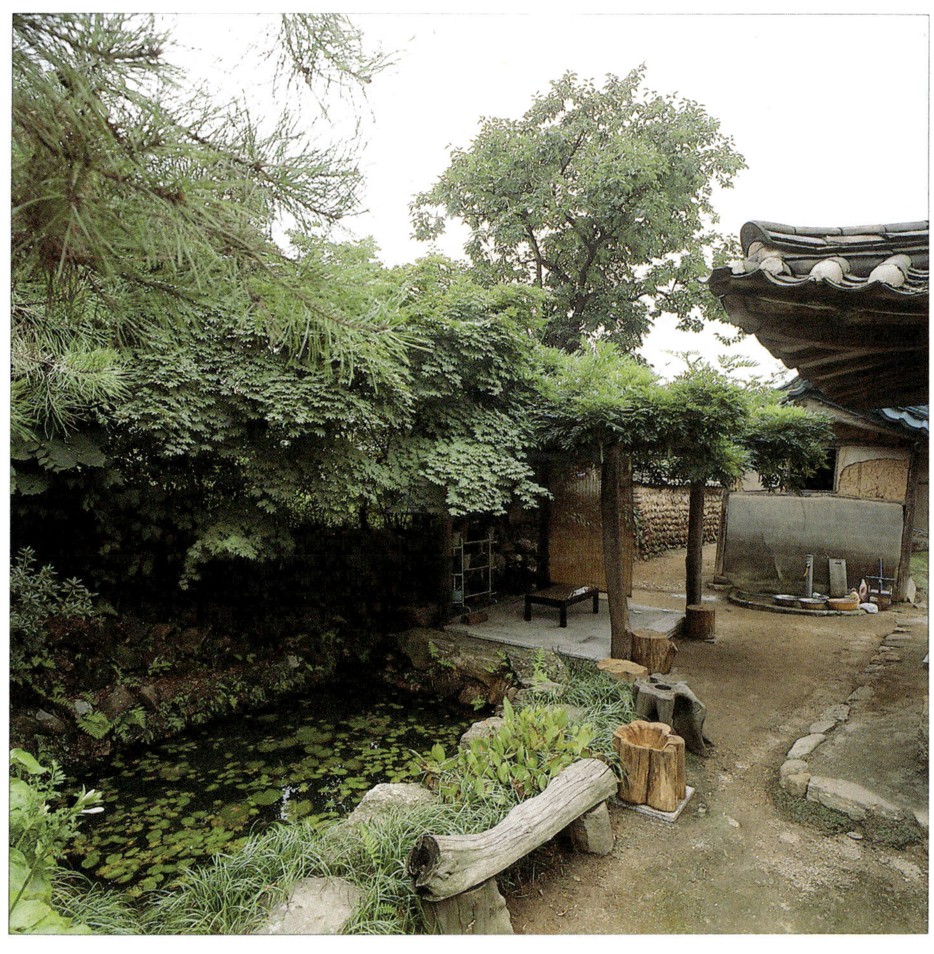

뒤뜰로 들어가는 입구에 자그마한 연못을 파고 곁에 등나무를 올린 정자를 하나 만들었다. 신기한 것이, 연못 바닥도 집 주인의 뜻을 알았는지 시멘트도 바르지 않고 그저 주위만 돌로 쌓은 채 흙 그대로인데도 전혀 물이 새지 않고 그렇게 맑을 수가 없다. 정자라고 해 봤자 마루에 기둥을 세우고 등나무를 올린 것뿐이지만 여름엔 공부방으로, 식당으로, 응접실로 톡톡히 재미를 보게 한다. 처음에는 쓰러진 아카시아 나무 줄기를 잘라 "주추"로 쓰고 사랑채의 못 쓰게 된 마루를 옮겨다 놓고 썼다. 십년 가까이 지나다 보니 마루가 썩기 시작하여 어떻게 고쳐 볼까 궁리하던 참에 친구가 집짓다가 남았다고 준 화강암 판을 이리저리 맞추었더니 꼭 들어맞았다. 주추로 썼던 아카시아 줄기들은 훌륭한 의자가 되었고 가장 큰 화강암 하나를 골라 나무로 틀을 짜서 테이블도 하나 만들었다. 화강암이라는 소재가 어쩐지 이 집과는 어울리지 않는 듯하고 도리어 낡은 마루 바닥이었던 때가 더 푸근하고 이 집의 분위기에 맞는 멋이 있었던 것은 사실이지만, 마땅히 다른 재료도 없었고 필요없게 된 물건을 쓴다는 점이 마음에 들어 그런대로 만족해 하고 있다.

뒤뜰에서는 호도나무, 살구나무, 매화나무 들과 대, 소나무, 감나무 들이 자란다. 사과나무, 배나무도 몇 그루 있었는데 벌레를 일일이 손으로 잡고 약을 안 뿌렸더니 해충이 심해 뽑아 버렸다. 뒤뜰과 밭의 잡초를 뽑고 해충을 잡는 일도 식구들의 큰 일거리에 든다. 이런 집안일에 아이들이 자꾸 동원되므로 가끔 못마땅해 하기는 해도 아이들도 커 가면서 땅과 자연의 고마움, 그리고 신기함 같은 것을 가까운 체험으로 느끼고, 알게 모르게 그것이 그들에게 큰 힘이 되어 주는 듯해 왔다.

김정옥 교수의 **별장**

대도시 생활의 편리함과 온갖 향락과 문화 속에 빠져 별생각 없이 지내다가도 문득 그리워지는 것이 자연의 흙내음과 평화로움이다.

중앙 대학교 예술 대학 연극 영화과 교수인 김정옥 씨의 팔당 "별장"도 그와 같은 맥락의 쉼터이다. 경치 좋은 곳에 집을 하나 갖는 것이 꿈이었던 그가 십몇년 전에 친구의 시골집에 놀러갔다가 "저기 저 집은 삼십만원이고, 저기 저 집은 오십만원이고, 그 옆집은 육십만원이라는데 어때?"라는 친구의 말에 "그럼 저기 오십만원짜리로 하지" 하여 사게 된 오늘날의 "별장"은 말이 별장이지 정확히 말해 "허물어져 가는 초가삼간"이었다. 본디 있던 방 두칸과 부엌을 하나로 터버리고 슬레이트로 지붕을 올렸다.

"사실은 초가 지붕을 새로 엮어 올리고 싶었지만 뒷 공터의 은행나무 그늘 때문에 마땅치가 않았고, 기와를 올리자니 집이 그 무게를 이겨내지 못할 듯싶어 결국 슬레이트 지붕이 되어 버렸지만 언젠가는 마음 먹고 너와를 깔아 볼 참입니다."

김 교수는 가족들과 함께, 더러는 혼자서 이 팔당의 시골집을 찾는다. 마음 같아선 더 많은 시간을 이곳에서 보내고 싶지만 강의

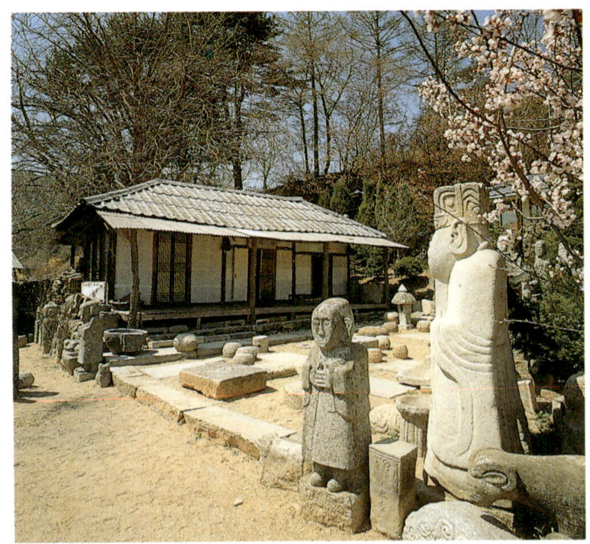

별장이라면 흔히 호화롭고 사치스런 분위기의 전원 주택을 떠올리는 이들에게는 이 "별장"은 꽤나 낯선 느낌을 줄 것이다. 자연의 흙내음과 평화스러움을 주는 시골집이다.

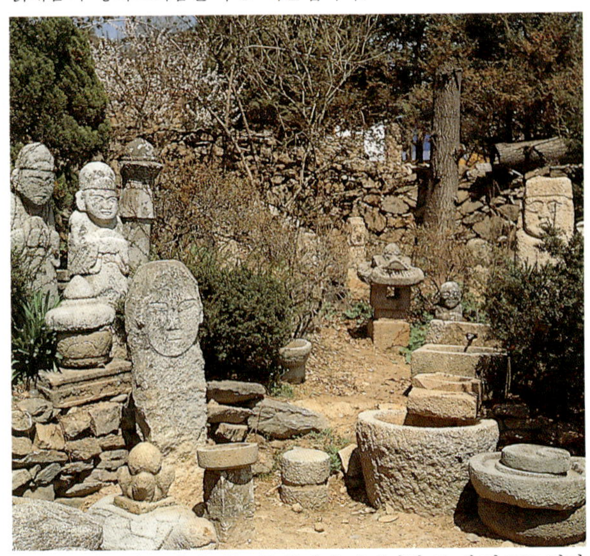

"돌에는 아무런 표정이 없는 줄 알지만 가까이서 볼 때 다르고 멀리서 보면 또 다르고, 그렇게 그 표정이 묘하게 풍부하고 다양하지요." 라고 김 교수는 말한다.

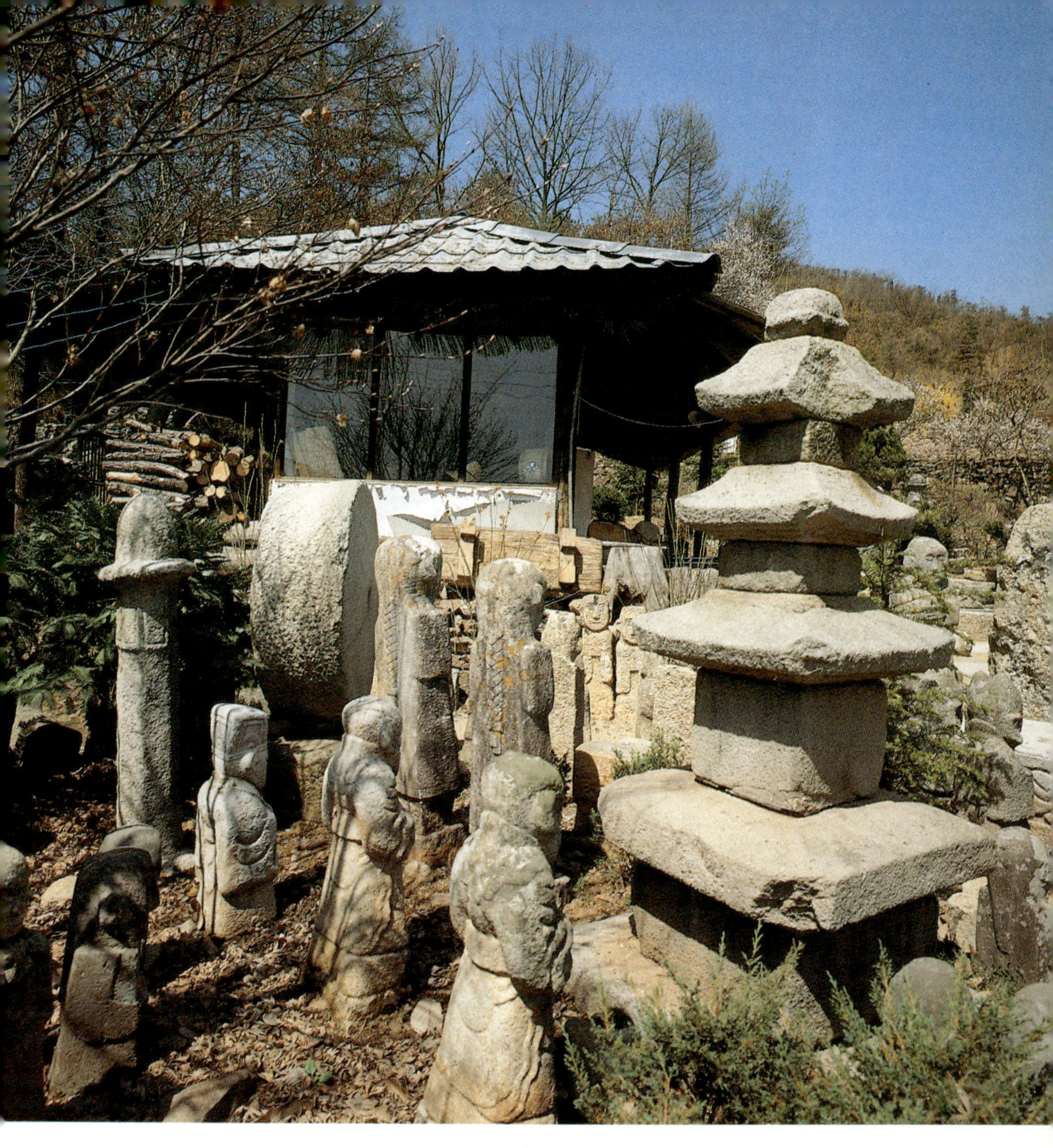

이 별장에는 돌사람들이 "살고" 있다. 돌사람에 흥미를 갖다 보니 자연히 돌에 정이
가고 곁에 두고 싶어져서 힘이 닿는 대로 하나씩, 둘씩 "데려다 놓은" 것들이 십몇 년
사이에 뜰을 꽉 메우고도 남을 지경이 되었다.

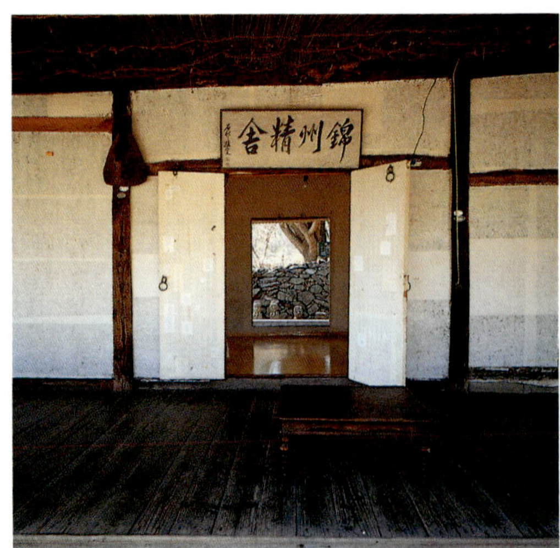

방 두칸과 부엌을 하나로
터 버리고 슬레이트로
지붕을 올렸고, 뒤뜰에는
이 지역에 흔한 재료인
돌멩이로 담을 쌓았을
뿐이지, 본디의 모습에
크게 손을 대지 않았다.

며 일이 그를 놓아 주질 않는다. 강남으로 이사를 한 데다가 중부
고속도로까지 뚫려 교통이 편리해져 이제는 삼십분이면 충분히
와 닿을 수 있게 되었건만 마음처럼 자주 오게 되질 않는다.

"제가 처음에 이 집을 살 때만 해도 낡은 시골집이 군데군데 남아
있었을 뿐이었는데 십년 사이에 많이들 새로 지었어요. 잘 짓는
답시고 했겠지만 저 퍼렇고 뻘건 지붕들 좀 보세요. 자연 속에
어우러져 정겹게 보이던 집들이 이젠 저마다 봐달라고 자랑하는
것 같아 안 좋아요. 제가 이사오면서 이 지역에 돌이 많길래 모아
다가 담을 쌓았는데 그게 또 유행이 되어서 이 마을에 돌담집이
여러 채 늘어 났지요."

식구들이나 손님들이 올 때를 대비해서 최소한의 부엌 용품과
살림 도구를 갖춰 놓긴 했지만 웬만하면 등산용 버너 따위로 간단히
해결한다. 위낙에 자연과 자연스러움을 소중히 여기는 그인지라
이곳에 와서 자연의 푸근함 속에 안기게 되면 불편한 것이나 모자라
는 것들이 있다 해도 조금도 성가신 느낌이 들지 않는다고 한다.

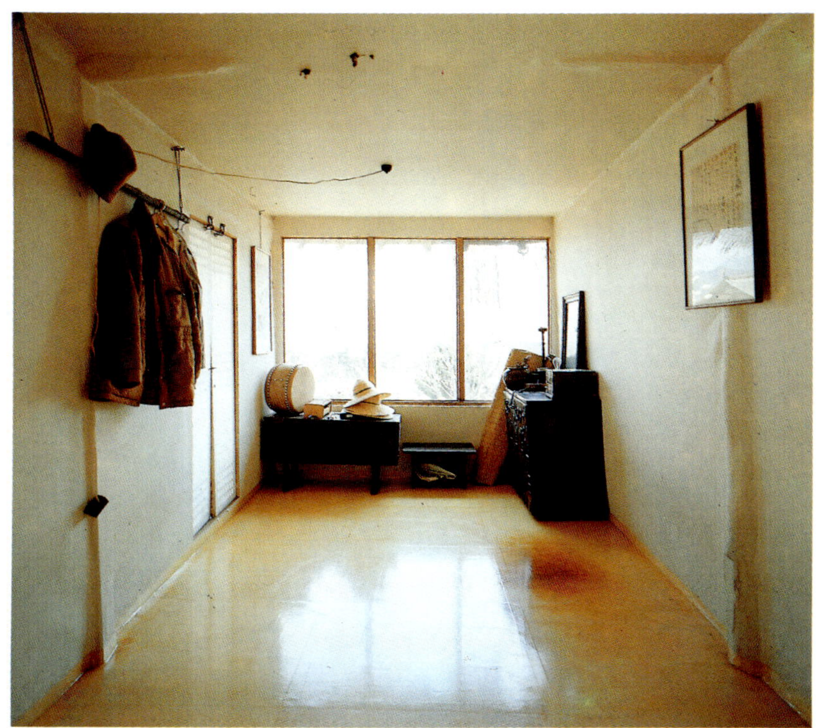

이 별장에는 생활용품이라고는 거의 아무 것도 갖추어 놓지 않았다. 자연의 푸근함 속에 안기면 생활에 불편한 것이나 모자란 것이 있다 해도 조금도 성가신 느낌이 들지 않기 때문이다.

"연극 구상한답시고 혼자 와서는 빈들거리고, 빈들거리며 구상도 하고", 더러는 "이런 거 저런 거 다 귀찮아지면 또 오고" 하는 식으로 뚜렷한 이유가 있으면 있는 대로, 없으면 없는 대로 늘 돌아가고 픈 곳이 이 시골집이라고 한다. 게다가 김 교수가 이곳에 오고 싶은 이유 또 하나는 그가 이십년 가까이 정성으로 모아 온 "돌"들이 그를 이제나 저제나 하고 기다리고 있기 때문이다.

"연기에서 가장 중요한 부분이 얼굴과 손입니다. 제가 돌사람들에 흥미를 갖고 열심히 찾아 다니며 보게 된 것은 이 우뚝 서 있는 돌사람들의 생명도 또한 얼굴과 손에 있기 때문이지요.”

그렇게 해서 김 교수와 돌들의 “인연”이 맺어졌다. 문관석이나 동자석 같은 사람들을 보고 있노라면 웬지 정이 가고 곁에 두고 보고 싶어져서 힘이 닿는 대로 하나씩, 둘씩 “데려다 놓은” 것들이 이제는 팔당 별장의 뜰을 돌아가며 꽉 메우고도 남을 지경이 되었다. 돌사람에 흥미를 갖다 보니 자연히 돌이라는 소재가 가깝게 느껴졌고 그러다 보니 수집품도 돌사람에서 상석, 석등, 물확, 맷돌, 다듬잇돌 따위로 다양해졌다.

김 교수는 그가 처음으로 쓰기 시작한 낱말인 “민각”의 비중을 설명한다.

“민간의 그림인 민화가 우리 그림에서 차지하는 비중이 크듯이 민각 역시 중요하다고 봅니다. 불상이나 정원석 따위의 잘 다듬어진 석물과 달리 이 민각은 우리 선조들 중에서 가장 평범한 계층에 속한 이들의 심성과 멋이 그대로 드러나 있지요. 동자상 같은 것들은 얼핏 보아선 우스꽝스럽기도 하고 거칠고 대담한 것들이 많아 한눈에 반짝 들어오기가 어려울지도 모르지만 보고 있노라면 얼마나 정이 가고 익살스럽고 사랑스러운지 모릅니다. 그리고 돌에는 아무런 표정도 없는 줄 알지만 가까이에서 볼 때에 다르고, 멀리서 보면 또 다르고, 물을 뿌려 놓으면 또 다르고, 그렇게 그 표정이 묘하게 풍부하고 다양하지요.”

돌사람의 얘기를 들려 주는 김 교수의 모습이 마치 아끼는 어린 제자들을 자랑하는 듯한 인상을 준다.

큰 눈을 둥그렇게 뜨고 있는 돌사람들만을 두고 떠나자니 그제서야 “마음은 늘 팔당집에 가 있다”는 김 교수의 말을 이해할 수 있을 듯했다.

화가 장욱진 씨의 집

  수원에서 용인읍으로 가는 길에 용인 민속촌으로도 갈 수 있는 네거리가 있다. 그 네거리로부터 남쪽의 민속촌에 닿을 거리만큼 그 반대 방향인 북쪽으로 옛길을 올라가면 동네 어귀(경기도 용인군 구성면 마북 일리)에 "그림 같은" 한옥이 나타난다. 그 그림 같은 한옥의 주인이 화가 장욱진 씨이다.

  화가라는 직분의 이름에는 "집 가" 자가 들어 있어서 좋다는 장욱진 씨는 집에 대한 애착이 남다르다. 그 까닭은 구체적이기도, 추상적이기도 하다.

  애착의 구체적 이유는 교직을 잠시 가진 것말고는 오직 그림 한길만 걸어 온 "프로" 화가인 그에게는 집이 잠자리이면서 일자리이기 때문이다. 집 밖에 일자리를 가지는 여느 도시 사람과는 달리, 집에서 하루 스물네 시간을 보내는 화가는 집에 대한 애착과 주문이 그만큼 클 수밖에 없다.

  애착의 추상적인 이유는, 집식구, 집 안에서 서성대는 강아지나 닭, 집 둘레를 맴도는 까치나 참새가 그의 친근한 그림 주제인 데에서 알 수 있듯이, 집이 그의 그림 세계의 틀이 되고 있음이다. 장욱

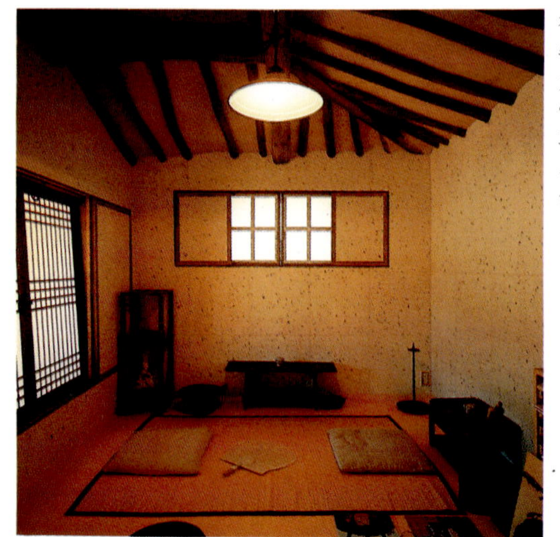

창이 있는 사랑방의 서쪽. 왼쪽에는 방문이 보인다. 화가에게는 집이 잠자리이자 동시에 일터가 되는데 마당을 사이에 두고 안채와 떨어진 이 사랑채는 일터인 아뜨리에로 꾸몄다.

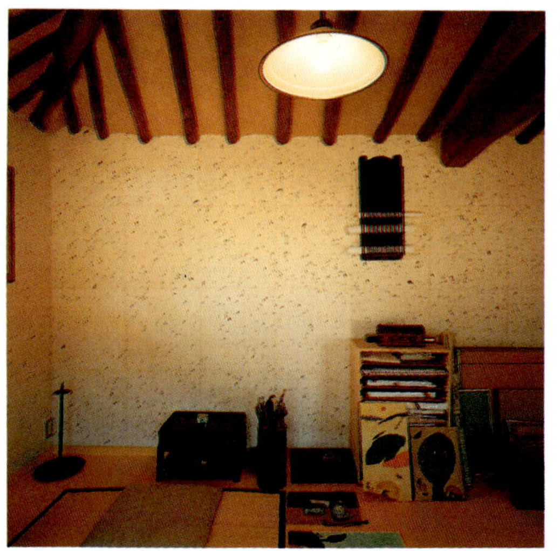

사랑방의 북쪽 벽. 화폭들과 전통 편지꽂이인 고비가 보인다. 집 밖에 일자리를 가지는 여느 도시 사람과는 달리 화가는 집 주위의 모든 것이 그림 주제인 까닭에 그는 집에 대한 애착이 남다르다.

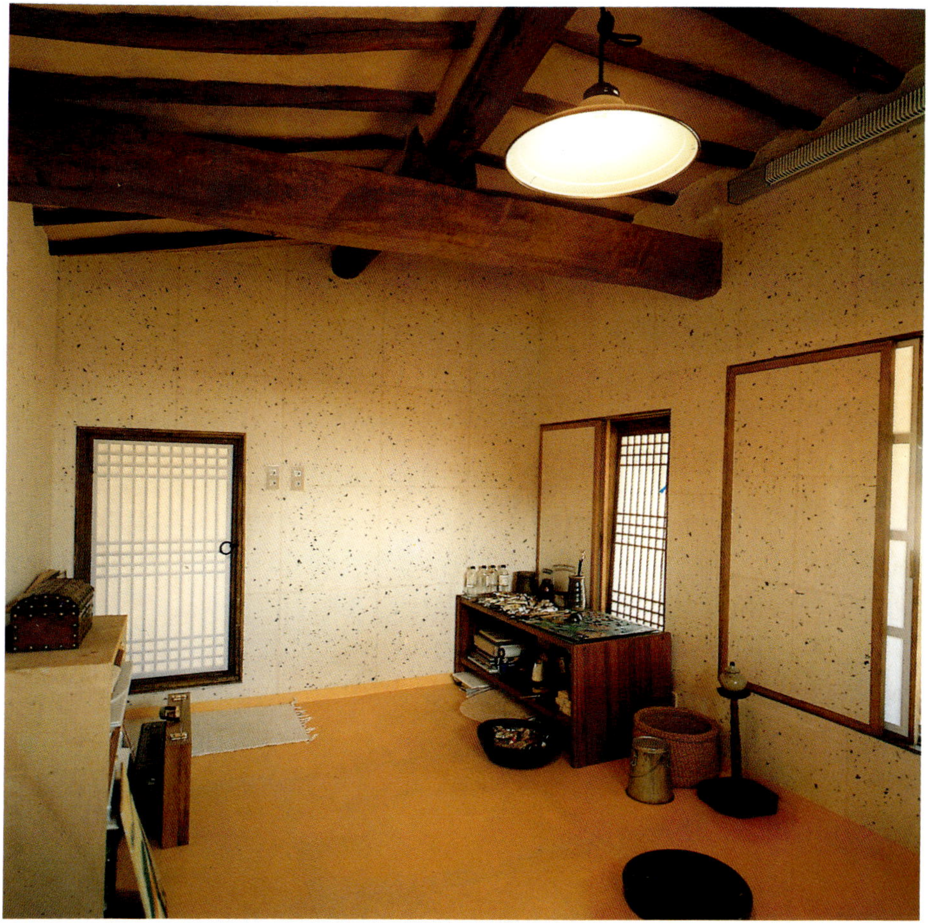

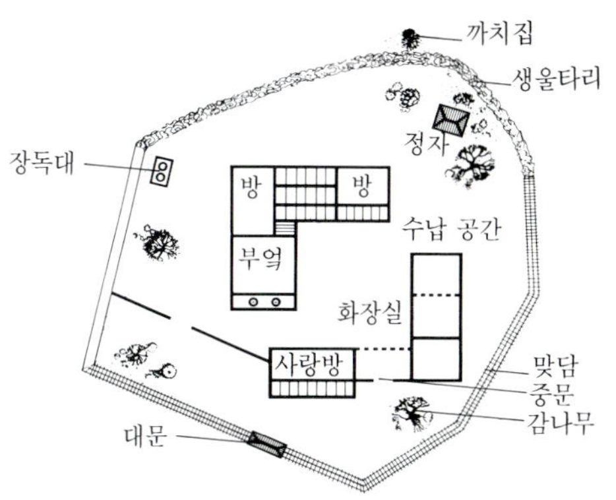

초가삼간은 예부터 "안빈 낙도" 곧 모자람 속에서도 넉넉함을 즐긴다는 선비들의 이상이었다. 이 집은 초가삼간 규모로 사랑방을 아뜨리에로 꾸몄다. 한지를 바른 사랑방의 동쪽 벽인데 투박한 천장과 창호문 들이 잘 어울려 그윽하다.(위) 이 집의 평면도이다.(왼쪽)

신발을 신고서야 드나들 수 있었던
까닭에 옥의 공간이나 다름이 없었던
재래식 부엌을 안채 안으로 끌어들여
옥내 공간을 만들고 "현대화된" 입식
부엌으로 바꾸었다. 복숭아가 놓여 있는
나무 탁자가 식탁이다.

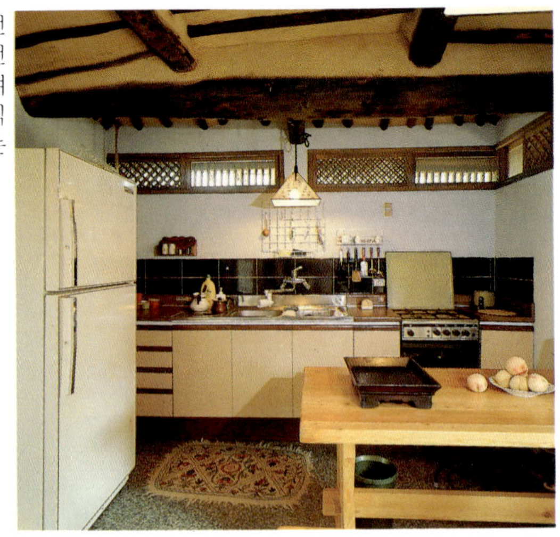

진 씨에게는 사회—그리고 나라—로 확산되는 삶의 기초로 여겨지기보다는 집 또는 가족은 거꾸로 그가 체험하고 의식하는 사회 또는 세계가 수렴되고 단순화되는—그가 말하는 "심플"의 미학도 이런 시각에서 나왔을 것이다.—대상인 것이다.

"전쟁 속을 살아 왔다"는 그가 손수 설계해서 지은 것은 육십년에 지은 명륜동 집이 처음이다. 그 뒤에 덕소로 갔다가 명륜동으로 또 수안보로 옮아다니며 그는 늘 조촐한 한옥을 짓고 살았다. 마침내 정착한 마북리의 집이 또 한옥인 것은 그의 체질 때문이다. 그의 체질은 한옥을 이루는 흙과 나무와 종이에 대한 각별한 사랑이다. 그런 체질은 한옥집 귀퉁이에서 아이들이 공기놀이를 하는 그의 "출세작"인 「공기놀이」 뒤로 거의 빠짐없이 한옥이 그림에 나타날 정도로 강렬한 것이다.

작은 화폭에만 그려 온 그의 그림처럼 장욱진 씨의 한옥은 조그마하다. "초가삼간"은 이를 두고 한 말인 성싶다. 초가삼간은 예로부터 "안빈 낙도" 곧 모자람 속에서도 넉넉함을 즐긴다는 선비들의 이상

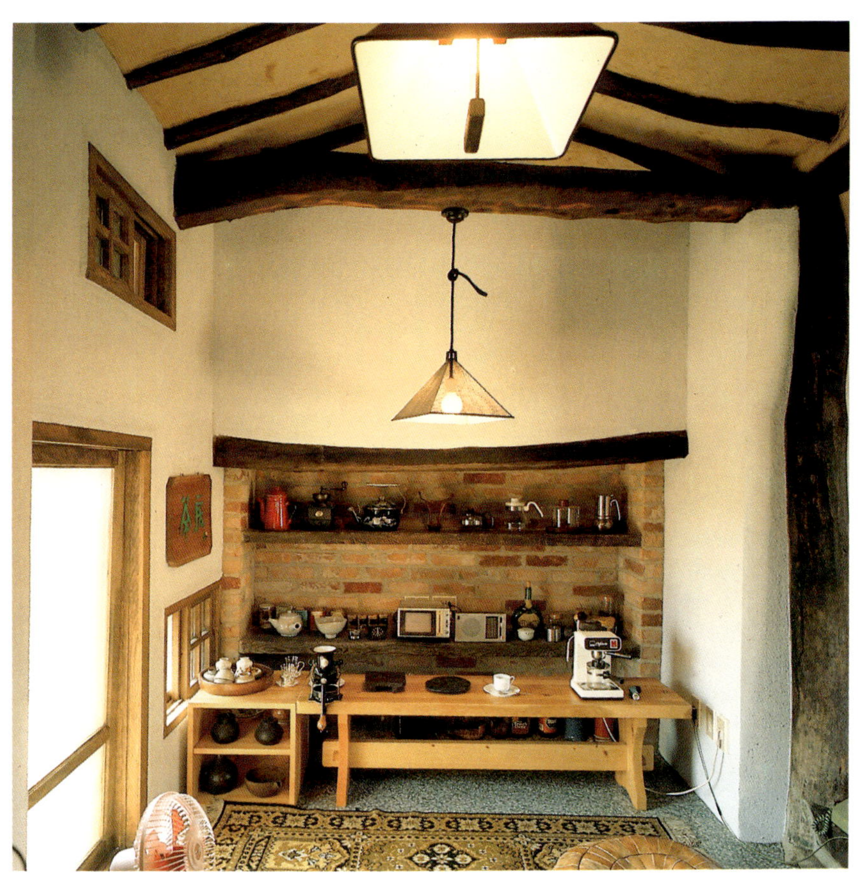

왼쪽 사진의 맞은편 벽의 모습. 오른쪽으로 대청마루가 통한다. 왼쪽에 보이는 곁문
으로 옆마당으로 나간다. 부엌 채광에 일조를 한다. 그 문 옆에 "다방"이라는 글씨가
보이니 부엌은 다만 밥만 먹는 "식당"이 아니라고 주인은 말한다. 투박한 선들이
따뜻하고 인간적이다.

이었다. 이 화가의 한옥은 바로 옛 사람이 초가삼간이라고 여겼던 것보다 더하지도 덜하지도 않은 규모의 것이다. 곧 두개의 기둥이 한칸을 이루는 옛집의 규모로 따져볼 때에 삼간은 정면에서 바라보아 네개의 기둥으로 이루어지는 공간이다. 따라서 삼간은 조그마한 방 둘에 부엌 하나가 달려 있는 크기이다.(집마당에 널려 있는 곳간과 헛간은 "초가삼간"의 계산에 들어가지 않는다.)

화가 부부가 살고 있는 이 집은 그 안채 삼간과 그 안채 앞의 한칸 남짓한 사랑채로 이루어져 있다. 안채가 앉은 모습은 대문에서 보아 "뒤집은" 기역자이고, 일자형의 사랑채는 곳간과 헛간(새 주인은 이것을 욕실과 보일러실로 고쳤다.)의 지붕과 이어져서 "뒤집은" 니은자 꼴로 만들고 있다. 기역자와 니은자가 대칭으로 마주 보면서 안마당을 끼고 미음자 모양이 되고 있다.

우진각 지붕(흔히 보이는 초가 지붕 꼴)은 가벼운 양기와로 새로 개비했다. 집 주인의 취향은 재래의 골기와이지만 집의 기둥이 그런 기와 지붕의 무게를 이기지 못할 듯해서 단념했다. 그리고 기우뚱했던 부엌 쪽 담장은 바로 잡은 그 안쪽에 벽돌 한겹을 쌓아 집 구조를 보강했고, 담벽은 흙으로 칠했다.

이미 있던 구조를 바로 잡은 것말고 새로 덧붙인 것은 원두막과 같은 정자와 맞담이다. 후원이라 할 수는 없지만 안채 뒤에 네댓평 남짓한 비탈 땅이 꽤 높다랗게 남아 있었는데, 거기에 이엉을 얹은 한평도 안 되는 크기의 정자를 모았다. 이곳에 앉으면 안채와 사랑채의 지붕이 눈 아래로 보이고, 다소곳이 눈을 들면 앞 동산의 푸르름을 마주 보는 선경이 펼쳐진다.

정자의 좌우에 대지의 경계가 되는 곳은 사람 키만한 두송나무로 이루어진 자연적인 울타리, 곧 생울타리가 이미 세워져 있었다. 생울타리에 잇달아 이웃집 그리고 길과 경계를 이루는 집 둘레는 사람의 허리춤 높이로 흙과 돌을 섞어 쌓은 맞담을 쳤다. 이래서 이 집은

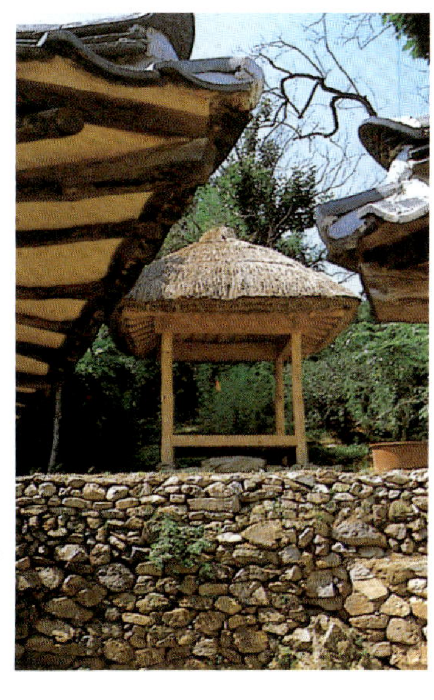

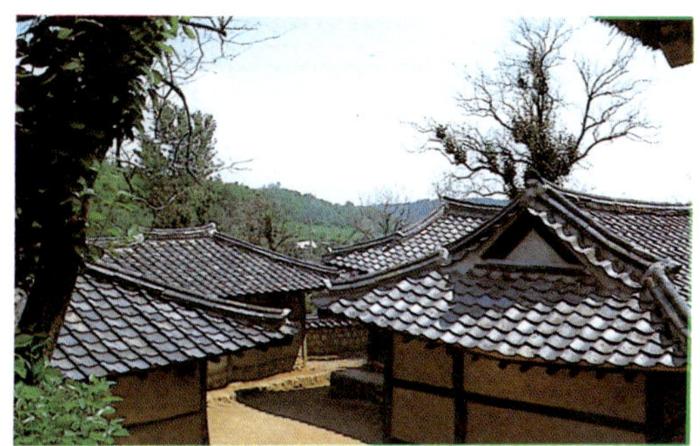

앞마당에서 뒷마당으로 이어지는 네댓평 남짓한 비탈 땅에 축대를 쌓고 한평도 안 되는 정자를 놓았다. 정자의 좌우에 사람 키만한 두송나무로 이루어진 자연적인 울타리가 세워져 있다.(왼쪽)
정자에서 본 전경. 다소곳이 눈을 들면 동산의 푸르름을 보는 선경이 펼쳐진다. 오른쪽이 안채, 왼쪽 지붕이 목욕탕, 보일러실이 있는 헛간, 뒷지붕이 사랑채다.(아래)

한옥의 옛 격식을 보존하게 되었다.

하지만 한옥의 쓸모, 특히 사랑채와 부엌의 쓸모는 새 주인의 방식대로 "현대화"되었다.

첫째로, 사랑채는 화가의 일자리인 아뜨리에로 꾸며졌다. 이 화가에게는 집이 잠자리이자, 동시에 일자리가 되는데, 한 울타리 안에서나마 사랑채는 잠자리인 안채와 마당을 끼고 공간적으로 분리된 일자리가 되고 있다. 따라서 안채에서의 생활 시간과 구분된 작업 시간은 사랑채에서 내밀하게 짜여질 수 있게 되었다. 전통적으로 남녀의 공간으로 구분되던 사랑채와 안채를 집에서 일하는 화가가 쓸모에 따라 작업과 생활의 공간으로 구분해 놓은 것이다.

둘째로, 신발을 신고서야 드나들 수 있었던 까닭에 옥외 공간이나 다름이 없었던 재래식 부엌이 안채의 마루와 바로 이어지는 입식 부엌의 옥내 공간으로 바뀌었다. 부엌이 옥외 공간으로부터 옥내 공간이 되고 있음도 한옥의 현대적인 이용이 된다. 자연과 더불어 살아 온 한민족의 오랜 지혜가 가득찬 한옥이, 현대 건축가의 찬사대로, 사람이 사람답게 살 수 있는 주거 공간이라 하더라도, 재래식 부엌은 한옥을 현대 주거 생활에 적합치 않게 하는 약점이 되고 있다. 재래식 부엌을 집 안으로 끌어들인 화가의 새 부엌은 조리 기구뿐만 아니라 식탁까지도 끌어들인 여유 공간이 되었다.

이렇게 해서 화가는 삼간 한옥에서 생활의 넉넉함을 얻고 있다. 집 둘레에 늙은 감나무 일곱 그루가 서 있어 정취를 돋구고 있다. 처마 밑에는 제비둥지가 셋이고, "까치를 데불고" 살아 온 그의 분위기에—장욱진 씨의 그림에는 까치가 빠지는 일이 거의 없다. —어울리게 정자 위 높은 나무에 매달린 까치집이 집 안을 내려다보고 있다. 또 손때 묻은 집마루—대청마루와 사랑방 툇마루—가 집안에 안정감을 깔고 있다. 새 옷을 처음 입을 때에 느끼는 어색하고 껄끄러움 같은 것은 이 집과는 도무지 인연이 없다.

경제 때문에 오늘에 더는 지어지지 않는다면 해묵은 한옥이라도 제대로 보존하는 것은 장차에 경제보다 문화가 더욱 높이 평가될 세상이 올 때에 필요할 지혜의 보존이 된다. 게다가 화가의 이웃 동네인 용인 민속촌의 한옥처럼 "숨쉬지 않는" 유물보다는 현대의 삶에도 넉넉한 의미를 찾을 수 있는, 화가의 집과 같이 오늘에도 "숨쉬는" 한옥이라면 지혜를 산 채로 보존하는 셈이 된다.

정기용 씨의 한옥

　서울을 떠나 수안보를 거쳐 문경 쪽으로 들어설 때까지 차창 밖으로 내다보이는 시골 풍경이란 게 하나같이 똑같다. 말이 시골이지 이제는 시골 냄새 나는 마을은 좀처럼 만나기가 힘들다. 그러나 충청북도 괴산군 연풍면을 지나 괴산 가는 국도로 들어서자 한결 산골로 들어가는 듯한 느낌이 들기 시작했다. 이윽고 작은 마을이 나타났다. 여전히 군데군데 눈에 띄는 울긋불긋한 지붕에 조금 실망은 했지만 나지막한 산줄기를 뒤로 하고 앞마을과 호수를 내려다보며 압도하듯이 서 있는 한옥 한채에 이내 마음을 빼앗겼다. 그 한옥은 이화 여자 대학교 약학대학장을 지낸 정기용 씨가 정년 퇴직을 하고 나서 내려와 살고 있는 집이다. 칠십구년 말에 짓기 시작하여 짓는 데만도 칠팔년이 걸렸다고 한다.

　"제가 원래 여기서 태어났지요. 네댓살되던 때에 부모 따라 서울로 올라가 사간동 언저리인 송현동에서 줄곧 살았습니다. 결국 고향을 떠나서 육십년이 넘게 서울에서 살았지만 마음 속으로는 늘 언젠가 고향에 돌아와 정착하겠다는 생각이 있었고, 철들면서부터는 구체적으로 고향집 터에 꼭 새로 한옥을 하나 지어야겠다

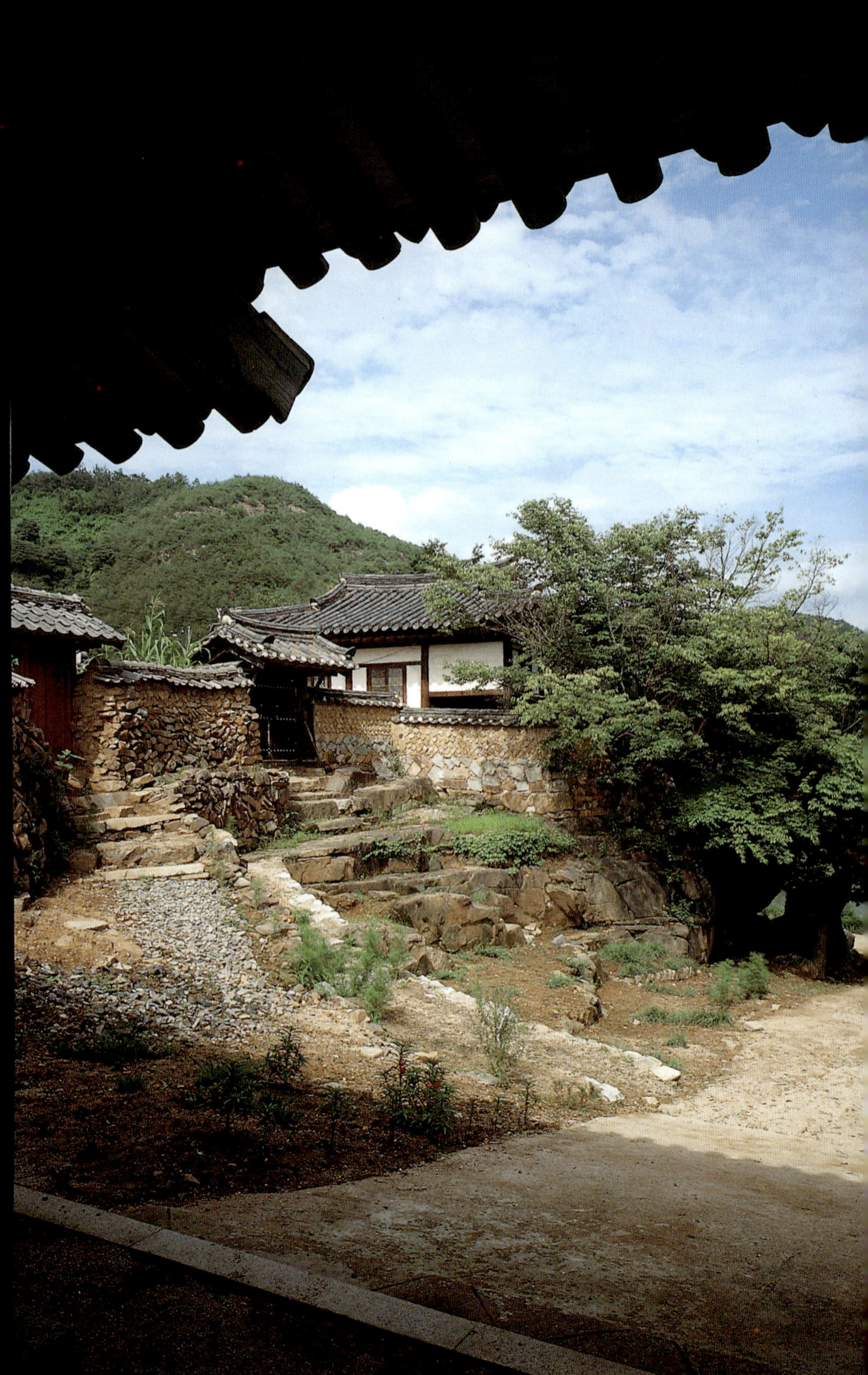

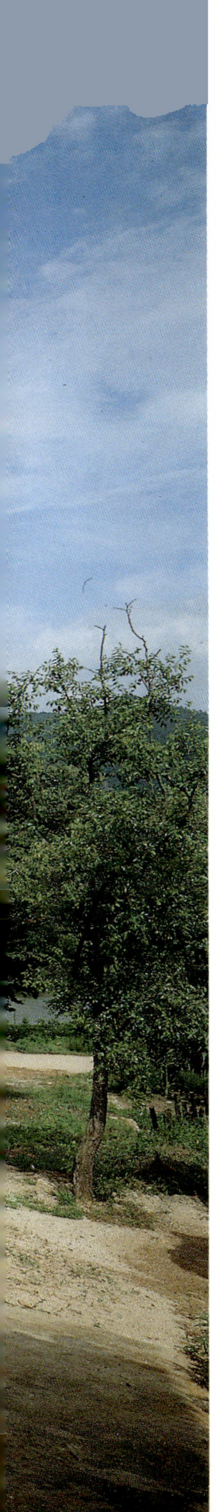

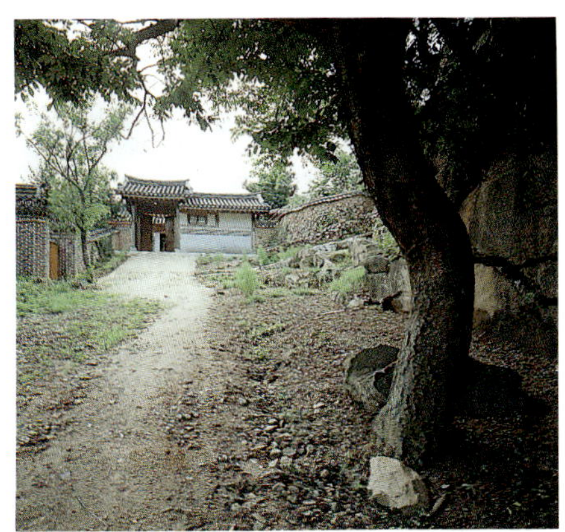

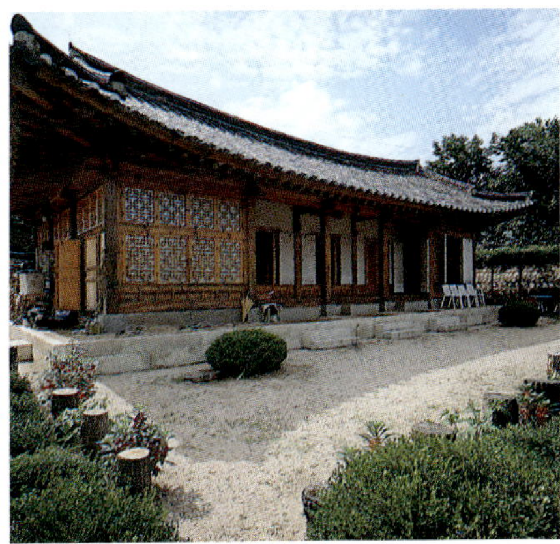

멀리 보이는 대문에 들어서면 마지막 남은 조선
목수인 배희한 씨가 공들여 지은 볼 만한 한옥이
모습을 드러낸다.(위)
본채의 모습. 이 집은 송강 정철이 살았던 집터에
그의 십사대손인 정기용 씨가 옛집을 허물고 새로
지어 올린 것이다.(아래)

이 집은 본채와 별채인 정자로 되어
있는데 사진의 가운데에 대문과 함께
보이는 집이 바로 정자이다. 집 안에서
내다보아 왼쪽으로 한집 건너 언덕
위에 있는 정자는 말로만 그렇게 불릴
뿐이고 실제로는 집 한채와 다를 바
없다. 정자 뒤로는 호수가 있다.

한옥 101

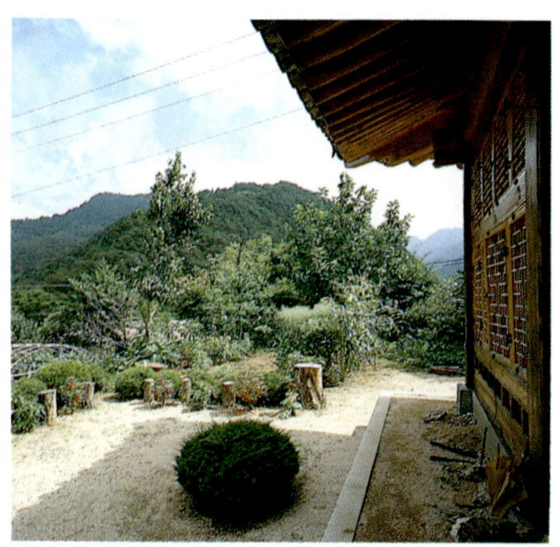
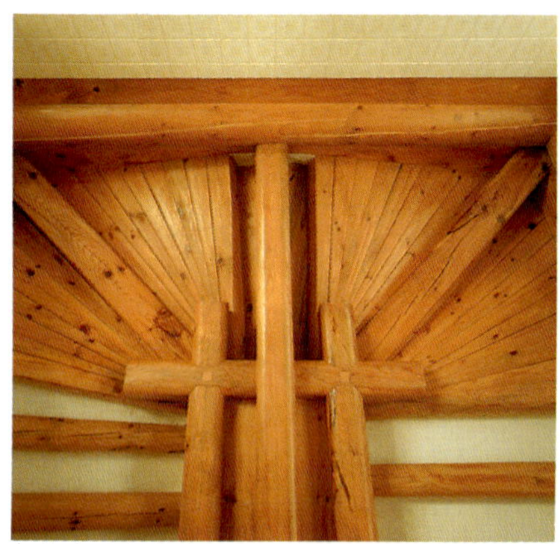

마당에 마사를 깔아 잡초에 신경 써야 하는 번거
로움을 덜었고 한 귀퉁이에 그루터기를 놓았다.

목욕실 천장의 서까래 모습. 부채살 모양을 본떴다
하여 선자 서까래라고 한다.

는 꿈이 있었습니다.”

오랫동안 품고 있던 꿈을 이루어서 그런지 집에 대한 그의 애착과
자부심은 대단하다. 집짓는 과정을 사진으로 찍어 정리해 놓은
사진첩을 만들어 방문객 중에 집에 관심이 있는 사람들에게 보여
주며 한옥에 대한 이야기를 나누는 것이 그의 즐거움의 하나이다.

“저의 집 소개나 집 자랑을 하느라고 그러는 것이라기보다는,
제가 여러해 동안 집짓는 것을 지켜보고 또 살아 보았더니 이
한옥이라는 것이 정말 단순한 집만이 아닌 하나의 예술품이라는
생각이 들어, 혼자 알고 즐기기가 아까워 이렇게 사진첩을 만들었
습니다. 한옥을 짓는다는 것은 창작 과정인 듯합니다. 한옥을 짓는
데도 도면이 대강 있습니다만 목조인 만큼 세밀한 부분은 목수의
머릿속에서 그려지고 결국 성패는 그의 손끝에 달린 것이지요.”

정기용 씨의 집을 지은 목수는 마지막 남은 조선 목수로 꼽히며
무형 문화재 기능 보유자이기도 한 배희한 씨이다.

“배 목수라는 양반이 재주도 재주려니와 장인 정신이 또 이만저

만이 아니에요. 집짓는 데 필요한 나무를 골라 준비하는 데만도 이년 가까이 걸렸지요. 저는 방의 위치와 크기쯤만 대강 정했고 나머지는 모두 배 목수가 알아서 지은 것입니다."

오랜 꿈이기는 했어도 교통도 편리하지 않은 곳에 제대로 된 한옥을 짓는 것은 쉬운 일이 아니다. 사실 그가 그런 꿈을 갖고 결단을 내리게 된 데는, 그럴 만한 연유가 있다. 그는 선조 때의 문신이요 문학가인 송강 정철의 십사대손이니, 송강의 사대손이며 영의정을 지낸 장암 정호가 바로 이 터에 집을 짓고 집의 동쪽 암반에 정자를 세워 거기에 기거했다고 한다. 정기용 씨의 가족이 일찍이 서울로 올라가고 나서는 친척들이 번갈아 집을 지켰지만 거의 폐허나 다름없는 상태었다. 자신이 태어나 잠시나마 어린 시절을 보낸 집이자 선조들이 정들여 살아 온 집이 허물어지고 잊혀진다는 것이 늘 마음에 걸렸다.

그러지 않아도 퇴직하고 나서는 내려와 살 작정이었던 터에 마침 좋은 목수를 소개받아 옛집을 허물고 새로 한옥을 짓게 된 것이다.

정자는 집을 짓기 전인 칠십일년에 정부의 보조를 조금 받아 옛 정자 터에 다시 지었다. 집 안에서 내다보아 왼쪽으로 한집 건너 언덕 위에 있는 정자는 여느 때에는 거의 들어가게 되질 않는다. 대문 밖으로 나가 다시 올라가야 하는 번거로움이 있어서 그렇기도 하거니와 군이 정자에 오르지 않더라도 집에서 내다보는 바깥 풍경만으로도 충분히 정취있기 때문이다. 정자의 위치도 그렇고, 활짝 열어 놓은 대문 밖으로 내다보이는 호수와 산의 경치도 마음껏 즐기려고 아예 대청을 동쪽 끝으로 자리잡았다. 서쪽 끝에 부엌이 있고 그 옆으로 안방이 이어지는데 난방은 부엌의 아궁이에서 장작을 때서 한다.

"한옥이 여름에 시원한 것은 말할 것도 없지요. 겨울에 추울 것이 모두들 염려스러운 모양이지만 뜻밖에 따뜻하고 쾌적합니다. 양옥

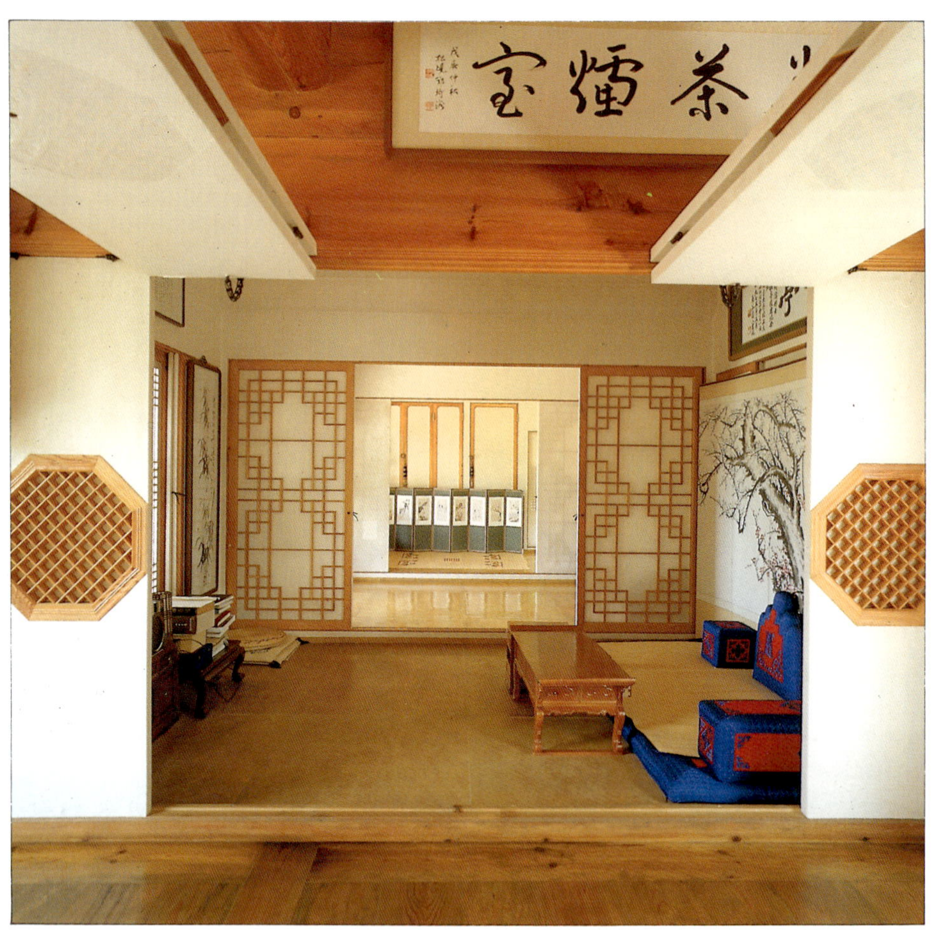

대청에서 바라본 방 안의 모습. 방과 마루 사이의 분합문이 방 안을 더욱 널찍해 보이
도록 한다. 세칸으로 나뉜 방에서 부엌과 붙은 가장 안쪽에 있는 방이 안방이다. 이
집은 부엌에서 장작을 때어 난방을 하므로 안방에서 부엌으로 내려가는 문을 따로
내어 그 일을 편하게 했다. 병풍 뒤로는 방만큼 널찍한 다락이 있다.

에서야 새시에 요즈음은 유리문도 복층으로 끼워 바람 한점 들어
올세라 꼭꼭 닫아 놓고 지내지만 그것이 건강에 좋을 리가 없어
요. 덧문, 미닫이 문, 흑창으로 삼중문인 데다가 창호지라는 것이
또 그렇게 만만하지가 않아요. 유리 못지 않지요. 게다가 창호지는
유리와는 달리 숨을 쉬거든요."

한옥에 문제점이 있다면 간수하기가 좀 힘든 것이다. 나무의 색을
변치 않게 하고 늘 새 집처럼 유지하려면 두어해에 한번쯤은 기름칠
을 새로 해야 한다. 그런데 이 기름칠이라는 것이 니스나 페인트칠
하듯이 붓으로 쓱쓱 문질러서 말리기만 하면 되는 것이 아니라 들기
름이나 동백 기름을 칠하거나, 콩을 불려 맷돌에 갈아 삼베 조각
따위에 싸서 문질러 하는 콩댐으로 해야 하는데 나무에 기름을 먹이
는 것도 중요하지만 그보다 더 까다로운 것은 기름이 속에만 스며들
도록 하고 겉은 마른 걸레로 깨끗이 닦아 내야 하는 것이다.

"처음에는 제가 손수 들기름도 바르고 했지만 일손도 없고 하니
혼자서는 제대로 깨끗이 유지하기가 사실 힘듭니다. 창호지도
자주 손을 보아야 하는데 그러지도 못하구요. 완성된 지 이제
서너해 된 집인데 꽤 오래된 집처럼 보이지요? 그러나 생각해
보면 한옥이니까 이렇게 나무색이 변하고 헌집인 양 보여도 그것
이 도리어 멋이 있고 또 봐줄 수 있지 유행이 지나 때 묻을 대로
묻은 양옥은 정말 보기 싫지 않습니까?"

일이 있을 때마다 이따금 서울에 올라가기도 하지만 어린아이라
도 혼자 두고 온 것처럼 집이 늘 마음에 걸린다고 한다. 그래서 부지
런히 돌아오다가 멀리서 멋들어지게 휘어진 평고대의 곡선을 한
지붕이 보이기 시작하면 새삼스레 한옥의 풍류를 느끼게 된다고
한다.

화가 강연균 씨의 **옮긴 한옥**

화가 강연균 씨는 고향의 탯줄을 쥐고 놓지 않는 사람이다. 그는 전라남도 광주에서 태어나서, 극장의 간판쟁이가 되고 싶어했던 어린 시절부터 "어쩌다 보니 남들이 화가라고 불러 주게 된" 지금까지 오로지 광주에서만 살아 왔다.

그런 그가 지난 팔십삼년에 광주시 소태동 무등산 서쪽 기슭의 자드락밭에 터를 닦고 멋들어진 전통 한옥을 한채 올렸다. 새로 지은 것이 아니고 오래 전에 지어진 집을 전라남도 화순의 어느 농촌 마을에서 그대로 옮겨다 놓은 것이다.

한옥에 대한 그의 연모의 정은 오래된 것이다. 집 앞에 있던 커다란 한옥 너와집을 부러운 눈으로 보며 자라던 어린 시절부터 길러 왔다. "조선놈처럼 살고 싶다"는 자각이 들고 나서는 아직 목숨을 부지하고 있는 한옥 한채를 보존하겠다고 다짐했다. "우리것"이 괄시당하여 찌부러들고 사라지는 세상에 그런 안간힘이라도 부려야겠다는 것이 그의 생각이었다. 그리하여 그는 작품의 소재를 찾느라고 전라도 땅을 뒤질 때는 말할 것도 없거니와 어쩌다가 차를 타고 지나다가도 한옥이 눈에 띄면 그대로 차에서 내렸고, 쓸 만한 한옥

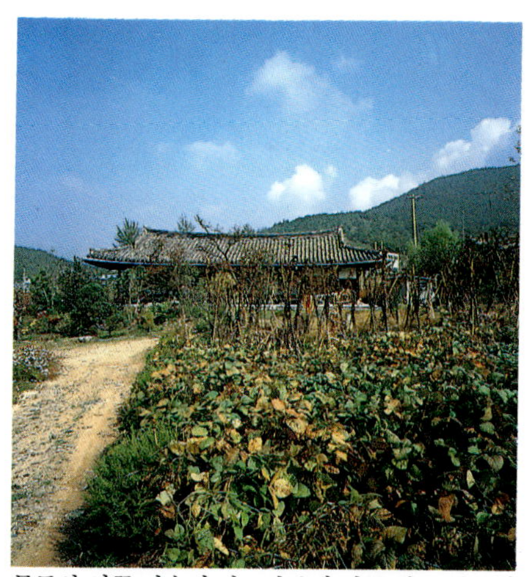

무등산 서쪽 기슭의 자드락밭에 터를 닦고 멋들어진 전통 한옥을 한채 올렸다. 새로 지은 것이 아니고 오래 전에 지어진 집을 그대로 옮겼다.

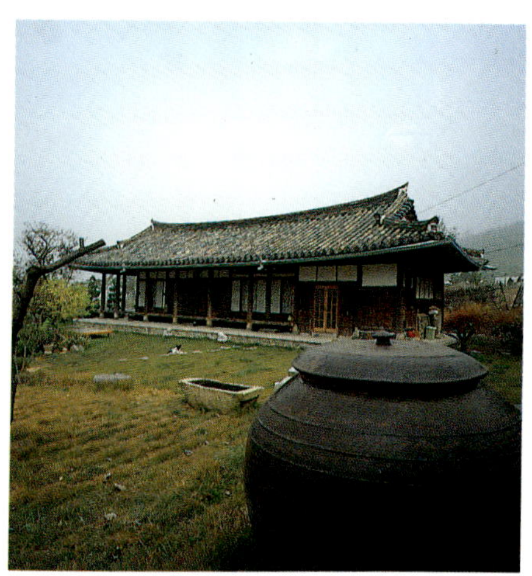

장독대에 서서 내려다본 집. 완전히 개방된 한일자 모양에 팔작 지붕과 처마에는 비막이를 둘렀다. 남향으로 앉은 칠량집이다.

이 있다는 소문이 들리면 득달같이 달려갔으니 나중에는 "미쳤다"는 얘기를 듣게까지 되었다. 지금의 집을 만나게 된 것은 그런 그를 잘 아는 가까운 후배 하나가 화순엘 갔다 와서 그가 살던 아파트로 전화를 걸어 온 것이 인연이 된 것이다.

이 집은 지금부터 일흔해쯤 전인 무오년에 필시 호남의 땅 많은 지주였을 "윤참봉"이란 이가 지었다고 한다. 벽을 뜯을 때에 보니 초배 한지에 소작인들의 이름과 소작량이 잔뜩 적혀 있었다고 한다. 집은 본디 허우대 큰 안채에 사랑채와 행랑채, 대문, 중문이 갖추어진 "부할 부"자 모양을 한 대가였다. 그러나 그 화가가 찾아갔을 때에는 몇 차례 주인이 바뀌고 풍상을 겪어 간신히 안채와 사랑채만 남은 퇴락한 모습을 하고 있었다. 집이 썩 마음에 들었던 그는 뒷갈망도 없이 그 자리에서 주인과 안채만을 사기로 구두 계약을 했다. 그리고 돌아와서는 하릴없이 속을 앓았다. 다행히도 그의 그림을

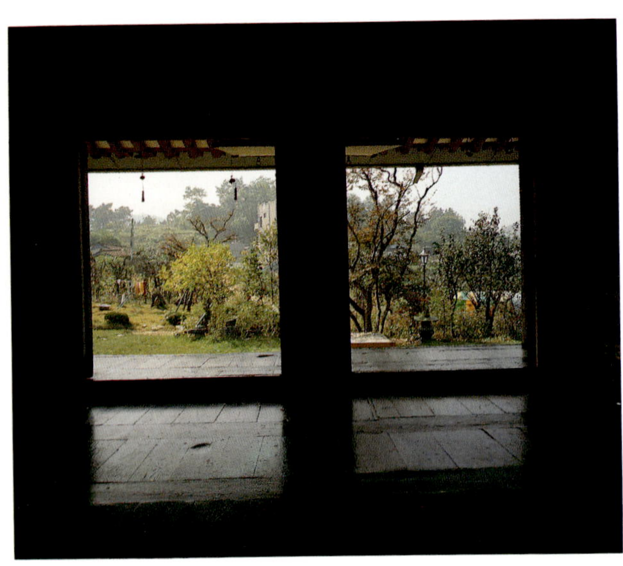

사랑하는 어떤 독지가의 선심을 입어 한달쯤 뒤에 다시 그 집을 찾아가게 되었다.

한옥을 통째로 옮기는 일은 여간 어렵지가 않았다. 구조를 그대로 유지하면서 나무 한 조각이라도 원래 그 자리에 끼워 맞춰야 하며 손상된 부분을 꼭맞는 다른 것으로 대치해야 한다. 그러자면 재료도 재료거니와 전통집에 대한 안목과 재주를 갖춘 목수가 필요하다. 그런 목수를 만나지 못해서 가장 골탕을 먹었다고 강연균 씨는 말한다. 게다가 일 자체가 워낙 생소하고 전문적인 절차가 필요한 것이어서 그는 공사가 시작된 팔십이년 초여름부터 거진 한해 동안 거의 그림을 그리지 못하고 문화재 전문 위원 같은 전문가들을 백방으로 찾아다녀야 했다. 그때 한 공부가 워낙 착실해서 이제는 광주에서 한옥 옮기겠다는 사람들은 모두 그에게 자문을 얻으러 온다고 한다. 서까래 여덟개와 문짝 하나와 귀틀에 갈아 박은 장석 몇개말고는 거의 화순에 섰던 안채의 모습 그대로가 완성된 것이 공사를

대청마루에 앉아서 이른 아침의 마당과
터밭을 내다보았다. 터 전체의 절반
넘게가 채마밭이다. 대로 엮은 사립문을
열고 들어서면 콩, 고추 등이 심어져
있고 토란잎들도 보인다.(왼쪽)
대청에서 보아 마당 왼쪽 끝에 있는
장독대이다. 칠백평쯤 되는 집터를 온통
대울타리로 쳐 둘러 놓았다. 장독대
옆마당에는 동자석과 돌 불두가 집을
향해 서 있다.(오른쪽)

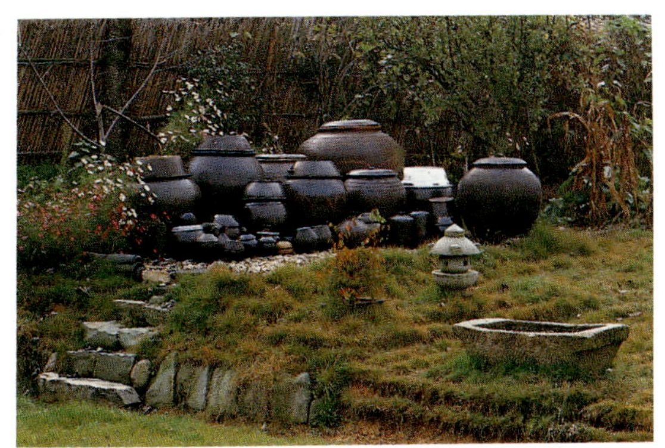

시작하여 이듬해 봄의 일이었다.

한옥 살림집은 대개 중부 지방까지는 흔히 미음자 꼴의 폐쇄된
모양을 띤다. 그것이 아래로 내려올수록 니은자나 디귿자 같은 더
개방된 모양으로 바뀌다가 남쪽 지방에 이르면 강연균 씨의 집처럼
완전히 개방된 한일자 모양이 된다. 그의 집은 팔작 지붕에 남향으
로 앉은 육칸 세겹집—서울말로 말하자면 칠량집(옆에서 보아 도리
가 일곱개인 집)—이다. 앞으로 보아, 두칸 대청에, 대청 동쪽으로
안방이 두칸, 부엌이 한칸 반이 있고 서쪽으로 건넌방이 한칸, 옆퇴
반칸이 있다. 안방에는 북쪽에 달린 지겟문(외짝 문)을 통하여 길쭉
한 곁방으로 들어갈 수 있으며 그 곁방에서 사닥다리로 안방 천장
위의 다락방으로 올라갈 수 있다. 집의 남쪽과 서쪽에는 툇마루가
둘러 있고 둥근 두리기둥 아홉개가 남쪽 처마를 이고 있다.

모두 원형 그대로이로되, 부엌만큼은 문과 그 내부를 수도와 싱크
대와 입식 식탁을 놓아 완전히 현대식으로 바꾸었다. 또 본디 부엌

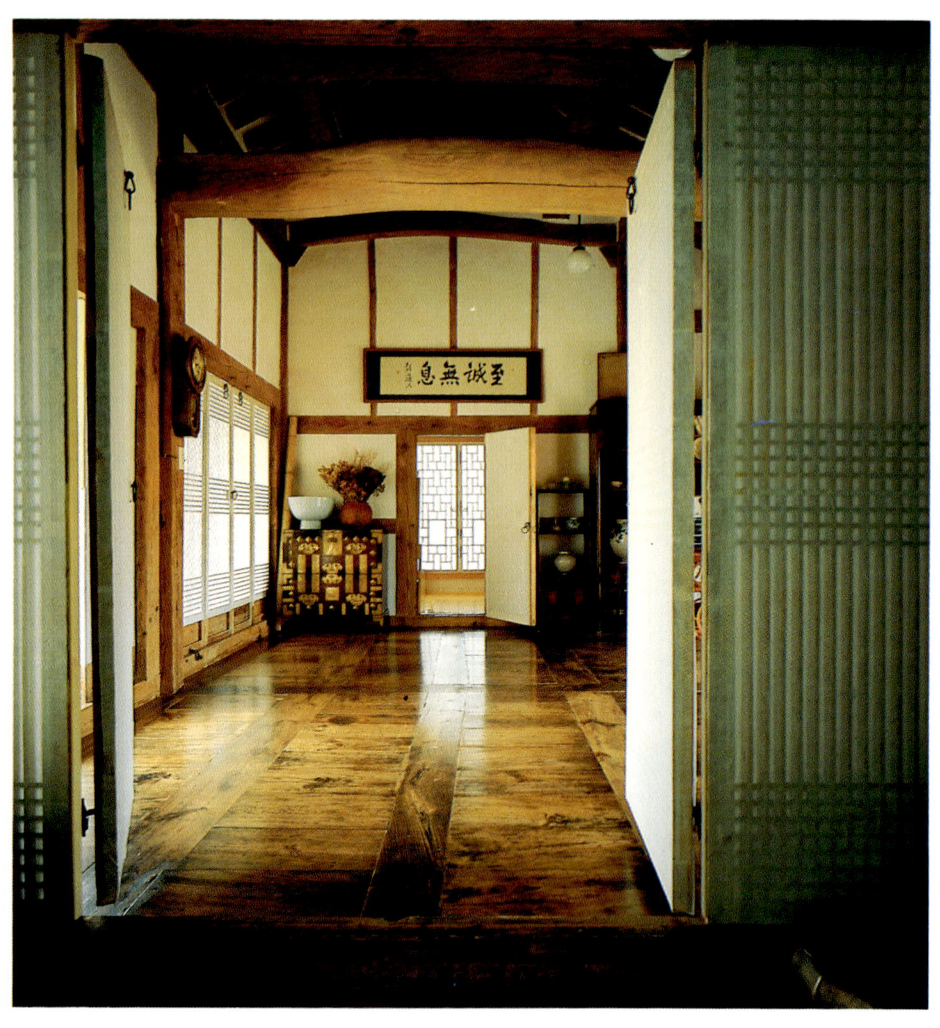

안방에서 대청마루 건너 건넌방을 바라보았다. 아무것이나 갖다 끼운 듯하나 아귀가 딱 맞아 떨어지는 마룻바닥의 자연스럽고 완벽한 질서, 서까래와 기둥 등이 한옥의 아름다움이다.

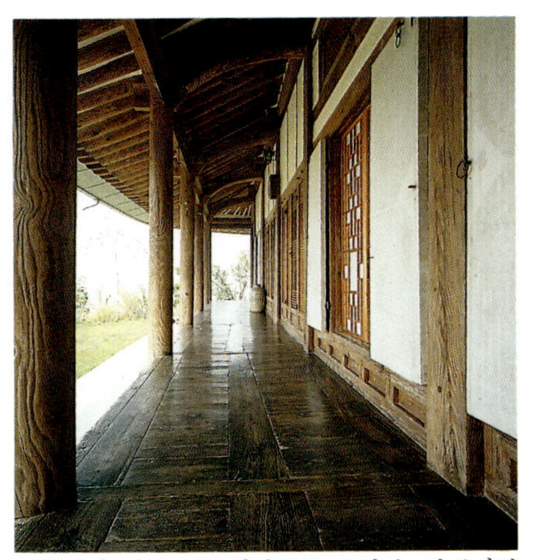

동쪽에서 서쪽으로 툇마루를 보았다. 사개끼워 맞춘 나무들이 아주 자연스럽다.

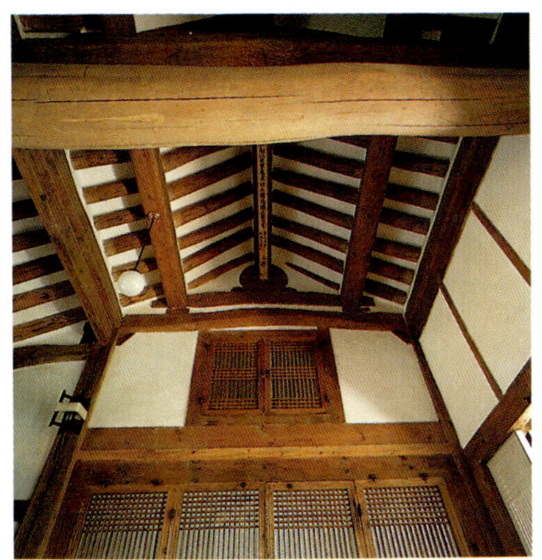

대청마루의 대들보와 서까래들. 글씨가 적힌 것은 상량이다. 다락문도 보인다.

이었던 공간의 북쪽 삼분의 일쯤을 따로 막아 현대식의 화장실과 목욕탕을 만들어 안방에서 곁방을 통해 들어갈 수 있도록 만들었다. 또 집을 끼워 맞출 때에 전기 설비와 연탄 보일러로 난방 시설을 했다.

대체로 이런 정도의 절충을 하였지만, 강연균 씨는 "모양은 한옥, 내부는 현대"를 불쾌하게 생각하는 이이다. 그에 따르면 "안도 한옥이어야 한다." 한옥은 춥고 불편하다는 흔히 듣는 실용적인 회의론을 안 살아본 사람들 얘기라고 그는 단호하게 일축한다. 하기야 현대 주택에 견주어 그런 점이 없는 것은 아니라 하더라도 그런 정도의 불편은 감수해야 한다는 것이 그의 주장이다.

그러나 전통 한옥의 아름다움만큼은 누구도 부인 못할 것이다. 나무와 흙의 포근함, 삐뚤삐뚤 아무것이나 갖다 끼운 듯하나 결국에는 아귀가 딱 맞아 떨어지는 마룻바닥의 자연스럽고 완벽한 질서, 처마의 선과, 처마 네 귀퉁이에 부챗살처럼 붙은 서까래인 선자연과 활처럼 휘영청 굽은 남도식 툇도리와 두리기둥이 줄느런히 서 있는 자태, 집마다 목수의 개성에 따라 그 모양이 달랐다는 상량이 지나가는 대공, 많이 다듬었으나 다듬지 않은 듯이 보이는 꾸부정한 대들보, 문지방에 새긴 머름동자…… 화가의 찬탄은 끝이 없다.

칠백평쯤 되는 집터를 그는 온통 대울타리를 쳐 둘러 놓았다. 대청마루에서 앉아서 볼 때에 마당 왼쪽에 장독대가 있고 그 옆마당 끝에서 동자석과 돌 불두가 집을 향해 서 있다. 마당 오른쪽에는 둥근 꽃밭이 있는데 배롱나무와 수수꽃다리 틈에서 빨간 다알리아가 한창이다. 그러나 마당은 아직 좀 덜 정리되어 보인다.

터 전체의 절반 넘게가 "남새밭" 곧 채마밭이다. 대로 엮은 사립문을 열고 들어서면, 양켠에 콩과 고추 같은 것이 심긴 그 채마밭이 보인다. 콩밭 뒤쪽에서 넓적한 토란잎들이 웅성거린다. 이 나라 전통의 외대 해바라기를 심었는데 안타깝게도 태풍 때문에 모두 죽어 버렸다고 한다. 내년에는 뒤뜰에 대를 잔뜩 심을 작정이라는 강연균 씨는 광주 시내에 따로 화실을 가지고 있는데 여유가 생기면 이 채마밭에 화실로 쓸 사랑채를 짓는 것이 소원이다.

극히 소수이나마 오늘을 사는 도시 주민이 이런저런 희생을 각오하고 새로 한옥을 짓고 강연균 씨처럼 쓰러져 가는 한옥을 옮겨 되살리고 하는 일이 있음은 매우 반갑다.

김병순 씨의 한옥

지루한 장마가 끝나갈 무렵에 한옥에 관심이 많은 사람들 사이에서 특별히 아름답다고 알려진 전라남도 담양의 한 민가를 찾았다. 규모나 연대만 놓고 본다면 민속 자료 따위로 지정된 이름난 집들에 견주어 작고 간단하며 그리 오래 되진 않았지만, 눈에 선뜻 띄지 않은 작은 부분들에 매우 신경을 쓴 집으로 섬세한 아름다움과 멋스러움이 곳곳에 숨어 있다.

이 집은 육십몇년 전에 대지주였던 김인기 씨가 지었던 집으로 그이가 돌아간 뒤로 외아들이 물려받았으나 직장 관계로 서울로 이사하게 되자 둘째딸인 김병순 씨 가족이 살고 있다.

제대로 짓는 한옥이란 원래 재목으로 쓸 나무를 몇해 동안 그늘에 말렸다가 쓰게 되는데, 이 집도 삼사년 말린 나무로 사년에 가까운 세월 동안에 온갖 정성으로 지었다는 얘기를 어려서부터 늘 들어 왔던지라, 남은 자손들은 어떻게 해서든지 아버지가 해놓은 그대로 간직하고자 많은 어려움과 불편함을 겪고 있다. 담양읍 안에만도 꽤 큰 한옥이 여러 채 있었으나 이젠 거의 새로 짓거나, 많은 부분을 양옥식으로 고쳐, 본래 모습 그대로를 지키고 있는 집은 이제 몇채

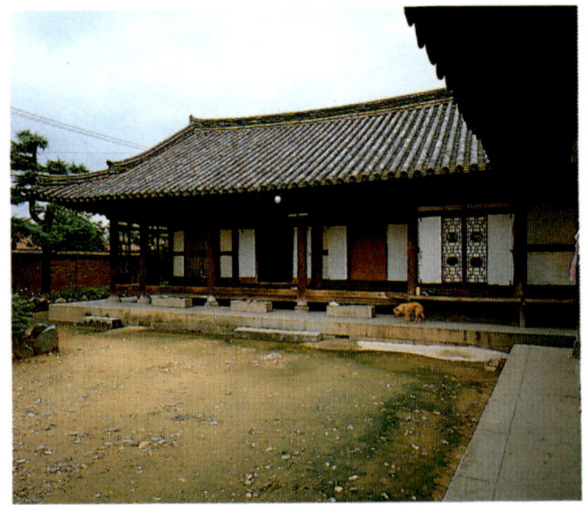

별채에서 보는 안채와 마당. 눈에 선뜻 띄지 않는 작은 부분도 매우 섬세하게 지은 집으로, 아름다움과 멋이 물매가 싼 지붕 아래 곳곳에 숨쉬고 있다.

밖에는 없는 실정이다.

창호지도 손수 바를 정도니 그이가 이 집을 얼마나 정성으로 지키고 있는가 짐작할 수가 있다. 일이 하도 "되야서" 몇해 전엔 광주에서 "일류 도배사"를 불러 왔지만 도리어 김병순 씨 솜씨를 배워 갈 정도였다고 한다. 대청의 분합문 창호지는 두장을 겹쳐 발라 두툼하게 한 것을 바르는데 재주있는 도배사에게도 까다로운 작업인 것을 아버지가 하던 것을 눈으로 보아 익혀 둔 솜씨로 지금껏 손수 해왔다.

그때에 절도 몇채 지었다는 유명한 대목이 설계하여 지었다는 사랑채 오른쪽으로 나 있는 대문을 들어서면 가운데에 안채가 자리 잡고 있고 오른쪽으로 별채와 뒷간이 있다. 왼쪽 화단을 지나 뒤뜰로 가는 사이에 드물게 목재로 지은 "둑두지" 곧 벼를 저장하던 시설이 있고 이어 안채 뒤로 상당히 큰 광이 있다.

안채, 사랑채, 별채가 모두 팔작집이다. 지붕 옆면에 두 박공이 이어져 세모꼴을 이룬 합각에는 물들인 회로 당초 무늬를 놓았는데 이젠 색이 바래어 은은한 녹두색이며 팥색, 벽돌색으로 변한 것이 여간 아름답지가 않다.

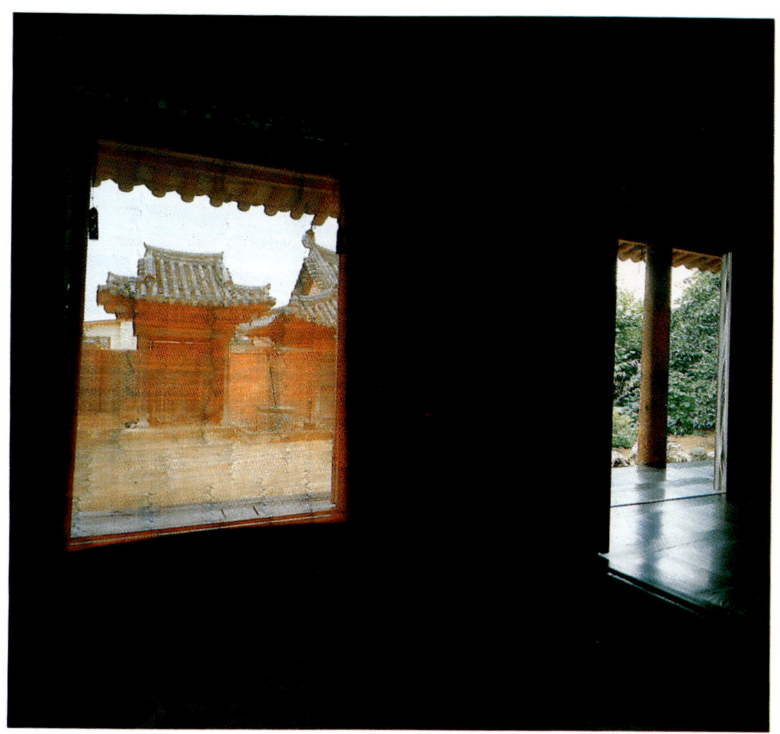

왼쪽은 안방에서 미닫이 문에 친 발을 통해 보는 중문과 사랑채이고 오른쪽은 안방에서 대청 쪽으로 보이는 정원이다.

이 집에서 가장 아름답고 공들인 곳은 역시 안채이다. 앞마당에서 안채를 바라보면, 대청을 가운데로 하고 왼쪽에 건넌방이 있고 오른쪽으로 안방과 부엌 그리고 찬방이 있다. 이 지방의 강우량과 관계되는지는 몰라도 지붕이 다소 물매가 싼 편이라 정면에서 보면 지붕이 안채 전체를 압도하고 있는 느낌이 든다. 여러 수막새 기와등에 옆으로 가지런히 박혀 이제는 세월이 흘러 옥색꽃이 된 구리못이 마치 장식용으로 박아 놓은 것처럼 독특하게 아름답다. 기와도 모두 지을 때에 이은 것들이다. 깨진 곳이 나올 때마다 여분으로 남겨 두었던 기와를 꺼내 보수하곤 한다.

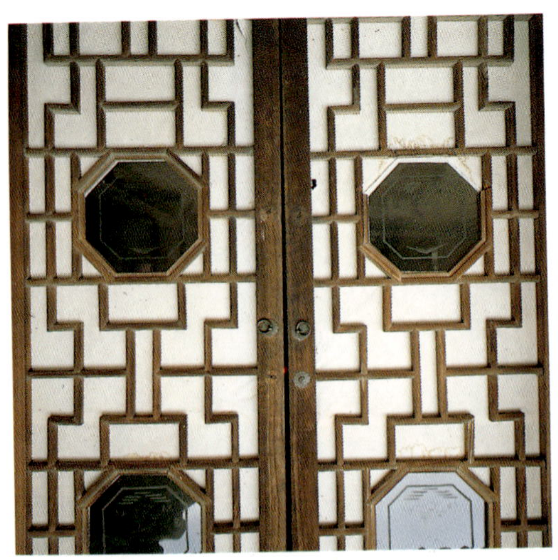

안채 미닫이 문의 모습. 창살 하나하나의 모서리를 각지지
않게 살살 굴렸고, 팔각 유리틀을 끼워 넣었다. 이화 무늬
를 아로새겨 만든 손잡이가 예스런 맛을 더하고 있다.(위)
둥글게 깎은 곡선과 규격이 아름답게 조화를 이룬 호박
주추와 위로 올라갈수록 조금씩 가늘어지게 다듬은 흘림
기둥. 대목의 섬세한 손재주가 엿보인다.(아래)

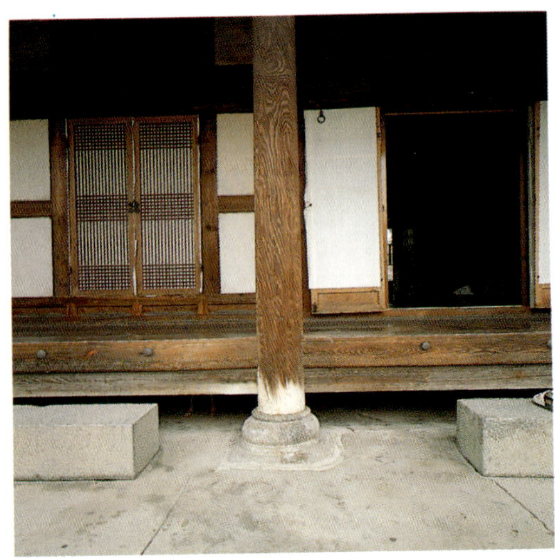

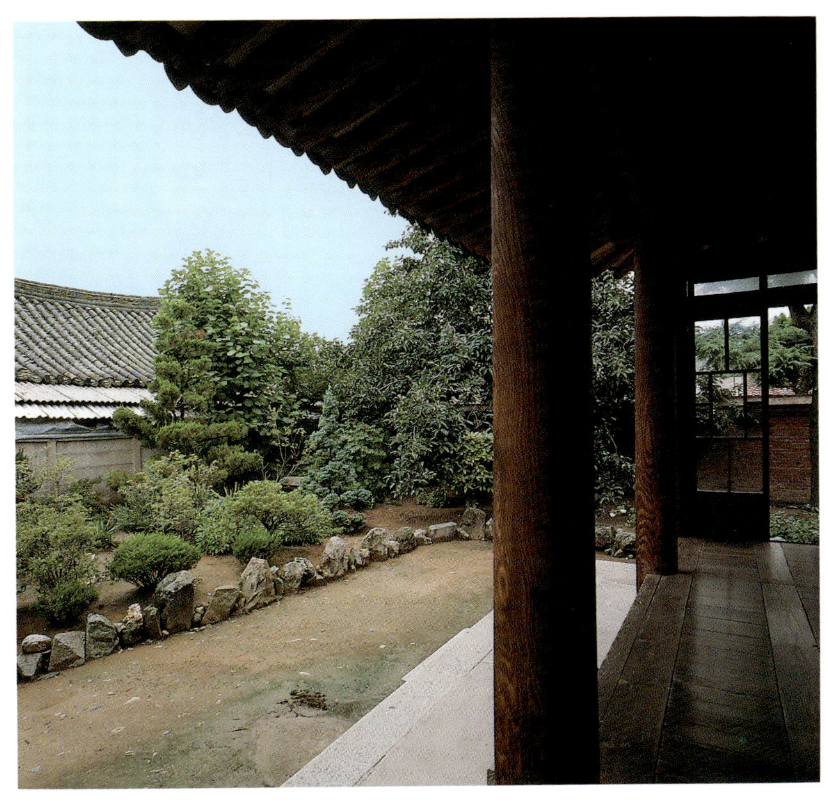

대청 앞 툇마루에서 보는 정원. 전에는 신식 화단이 없었고, 영산홍이며 자산홍, 소나무들이 제대로 서 있어서 자연스런 풍치를 더했다고 하나 거름을 잘못 준 탓에 다 죽여 버려 하는 수 없이 돌로 울을 치고 임시로 화단을 꾸몄다.

안채를 크게 특징짓는 것으로 기둥이 있다. 둥그렇게 다듬은 잘 생긴 호박 주추 위에 둥근 기둥을 세운 것으로 궁이나 절에서 볼 수 있는 양식인데, 서울의 민가에서는 거의 볼 수가 없다. 민가에서 대개 각진 주춧돌 위에 네모난 기둥을 세웠는데, 시골에 가면 마음 먹고 지은 기와집은 흔히 기둥이 이처럼 둥글다. 호박 주추의 사용도 삼국 시대로부터 내려오는 전통이다. 특히, 이 집 안채의 호박 주추는 그 곡선과 규격의 아름다운 조화가 뛰어나다. 기둥도 "흘림"이 곧 위로 올라갈수록 조금씩 정교하게 가늘어진 것이 대목의 빼어난 손재주를 짐작하게 한다.

기둥과 기둥 위로 가로 얹은 도리도 볼 만했다. 서울의 고급 한옥은 다듬기가 까다롭기도 하여 고급으로 알아 주는 둥근 굴도리를 네모난 받침대인 장여 위에 얹어 놓는 굴도리집이기 쉬웠다. 그러나 보통으로 장여가 없이 네모난 도리만으로 된 납도리집이 많았다. 그런데 이 집은 흔히 남쪽 지방의 고급 한옥에서 보이듯이 이 두 가지의 복합적 형태를 취해 네모난 장여 위에 납도리를 얹은 것이 서울의 한옥과 비교하면 색다르다. 툇보도 서울 집들에서처럼 곧은 것을 쓰지 않고 활 모양으로 굽은 것을 쓴 것을 보아도, 남도 지방의 멋이 "휘영청" 느껴진다. 툇마루 끝의 귀틀 바깥으로 "덧귀틀"이랄까를 하나 덧대어 섬세한 조각을 한 못을 한 줄로 박아 놓은 것도 서울의 민가에서는 보기 어려운 멋부림이다.

대청 분합문 위의 교창은 일정 시대 때에 일본의 정교한 세공에 영향을 받아 마름모꼴의 일본식 창살을 한 것이 흠이라면 흠이나 그 밑으로 포도덩굴 무늬를 새겨 낸 환풍창이 재미있어 보인다.

대청의 분합문을 비롯한 안채 전체의 띠살문은 창살 하나하나가 모서리가 각지지 않게 살짝 굴려져 있고, 위로 올라갈수록 눈에 띌락 말락 할 정도로 가늘어진다. 분합문 안쪽의 미닫이 손잡이는 드물게 백통으로 되어 이화 무늬가 새겨져 있고 바깥쪽의 문고리는 세모꼴의 모가 여럿 쳐진 대가리의 배목에 달아 놓았는데, 작은 부분에 이처럼 멋을 부린 것을 보아도 집 주인이나 대목이나 대장장이의 꼼꼼함과 빼어난 눈썰미가 보통이 아니었음을 다시금 실감케 한다. 분합문을 접어 올려 놓을 때에 사용하는 들쇠는 그네 모양으로 되어 있고 올려다 보면 받침대 밑에 섬세한 당초 무늬가 새겨져 있다.

툇마루는 대청 앞에서 건넌방을 끼고 니은자 모양으로 돌아간다. 건넌방 앞과 옆쪽의 툇마루 끝에는 유리문을 달아 놓았는데 대청 앞 툇마루 끝의 유리문은 짜기는 했으나 갑갑하여 쓰지는 않았다고 한다. 말할 나위도 없이, 유리문은 일정 시대 때에 들어온 신식 유행의 문짝이다.

아버지께서 이처럼 공들여 지은 집을 아버지 때 그대로 보존하기 위해서 김병순 씨가 식구들 뒷바라지를 해 가면서도 쏟는 정성은 대단하다. 그러는 이가 그이지만, 한 가지 마음 아프게 생각하는 것은 지금의 화단 자리에 아버지가 심어 놓았던 영산홍이며, 자산홍, 소나무 들을 거름이랍시고 준 재 때문에 그만 다 죽인 것이다. 하는 수 없이 돌로 울을 치고 임시로 화단을 꾸미긴 했는데 때가 되면 모두 없애고 집과 어울리게 아버지가 해놓으셨던 것처럼 잘생긴 나무를 몇 그루 심으려고 벼르고 있다.

처음으로 공개되는 **운현궁**

조선 왕조 제이십오대 임금 철종이 천팔백륙십삼년에 후사 없이 세상을 뜨자, 익종비인 조대비의 뜻으로 흥선군 이하응의 둘째아들 명복이 열두살 나이로 고종 임금이 되었다. 「매천야록」 일권에 "관상감은 별칭 서운관이라고 하는데 지금의 임금 잠저가 곧 옛 서운관 터이다. 철종 초에 서울 장안에 '관상감에서 성인이 난다'는 소문이 떠돌았고 '구름재 곧 운현에 왕기가 서렸다'는 말도 나돌았는데 이제 보니 지금의 임금께서 거기에서 나셨다. 고종이 등극한 뒤로 대원군은 집을 늘리고 새로 꾸미어 둘레 담장이 몇리나 되었고, 문을 네 군데에 냈는데 으리으리하기가 대궐 안과도 같았다"(「서울의 전통문화」에 나온 번역 인용문을 좀더 풀어서 쓴 것.)고 기록되어 있다. 그러니 지금의 운현궁은 옛 관상감 곧 서운관터에 자리하였던 까닭에 그곳의 땅 이름이던 구름재 곧 "운현"에 읽혀서 그리 부르게 되었으며, 영의정 일행이 임금 될 명복 소년을 맞으러 그 집에 갔을 적에 무너진 울타리 마당 안에서 동네 아이들과 연을 날리고 있었다고 전하는 것으로 보아, 본디는 더 조촐한 집이었으나, 그 아들이 고종 임금으로 등극한 뒤로 이하응이 대원군이 되자 궁궐 못지 않게

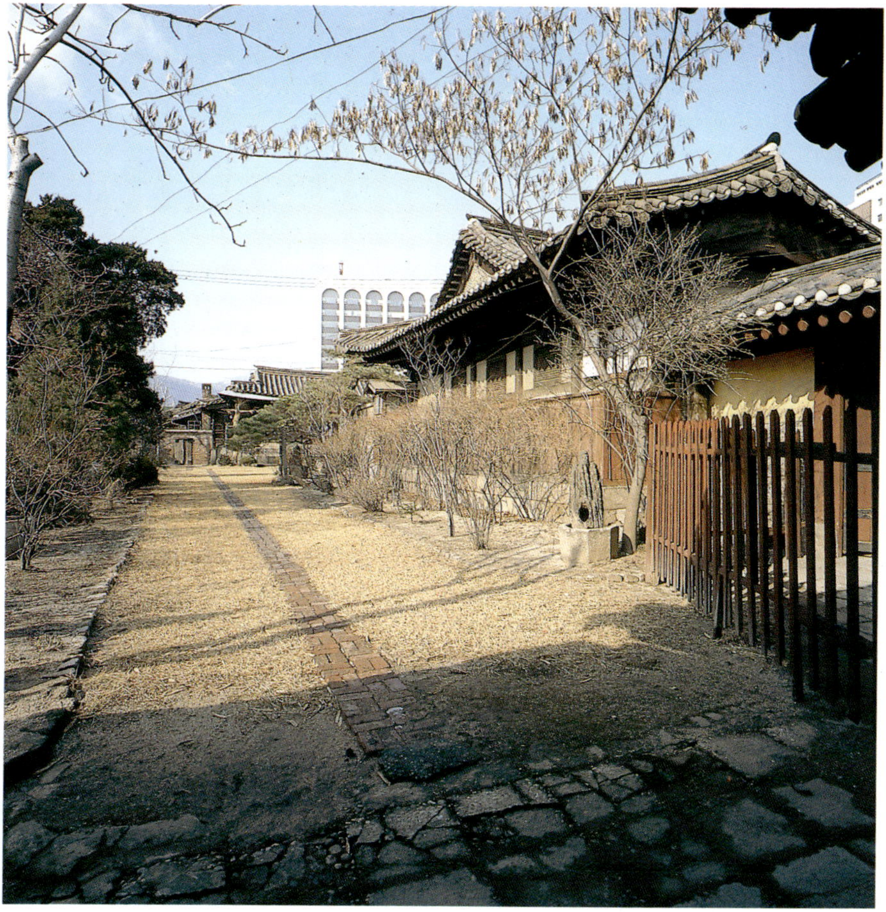

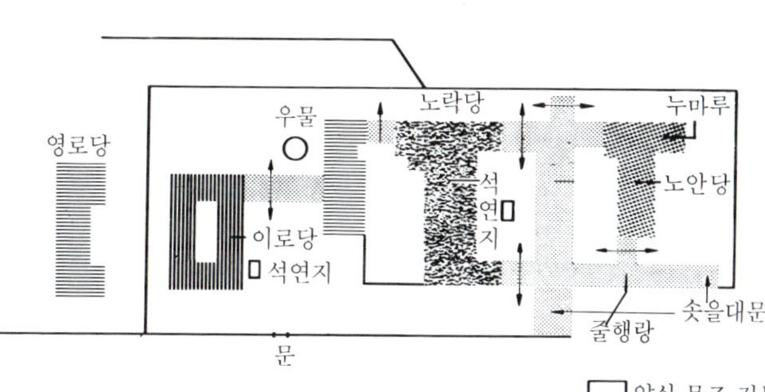

운현궁 안채인 노락당의 측면 사진.
대원군이 즐기던 석함 속의 괴석이
나무 아래에 있다.(위)
운현궁의 배치도이다.(왼쪽)

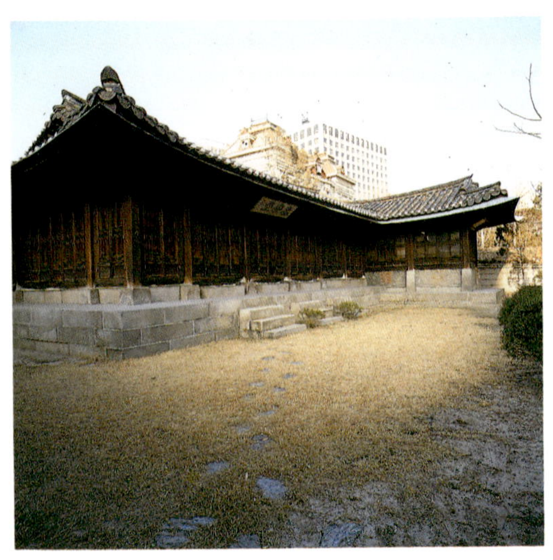

운현궁의 사랑채인 노안당 전경. 세벌장대 기단 위에 서 있는 오량 집이다. 전체 맵시가 휘영청하게 아름답다.

대저택으로 새로이 건립한 것을 알 수 있다.

서울 재동에서 낙원 아파트로 뚫린 대로를 따라 나아가면 왼쪽 곧 동쪽으로, 덕성 여대 정문에 못 미쳐 넓은 공터가 나오고, 이 공터 동남쪽에 자리한 줄행랑 끝에 서 있는 솟을대문을 들어서면 운현궁의 사랑채인 노안당이 자리하고 있다.

사랑채인 노안당은 "ㄱ자" 꼴 평면의 집으로 동쪽에 누마루가 돌출되었고, "ㄱ자"로 꺾인 데에 사랑방이, 그리고 그 서쪽에 길게 대청이 남향으로 배치되었고, 사랑방 북쪽으로 돌출하여 침방이 있다.

이 사랑채의 전면 기단은 세벌장대로, 후면 기단은 두벌장대로 쌓고, 네모뿔 꼴의 다듬은 주춧돌 위에 네모기둥을 세웠는데, 기둥모는 쌍사모로 치장하였다. 기둥 위에는 주두 곧 "대접받침"을 얹고, 기둥 웃몸에서 익공이라는 것을 하나 내어 이른바 초익공 양식을 따랐다. 앞에서 보아 이 집은 여섯칸 반 집이다. 기둥이 여덟개이되

바른쪽 끝 두 기둥 사이가 반칸인 것이다.

이 사랑채는 오량집이며, 처마는 부연을 달지 않은 홑처마이고 팔작 지붕을 덮어 마무리하였다. 특히, 처마 끝에는 두자 너비쯤의 나무 차양 곧 "챙"을 덧달아, 빗물과 햇볕을 막고 있는데, 그 전통 나무 차양과 그것을 다는 세부 사항이 남아 있는 곳은 아마도 운현궁뿐이 아닌가 생각된다.

전통의 주택이나 궁궐, 사찰에서 차양을 달거나 세우는 방법은 크게 두 가지로 나뉘는데, 첫째로는 이곳 운현궁에서처럼 처마 끝에서 바로 달아 내는 방법이 있고, 둘째로는 처마 밑에 따로 기둥을 세워, 맞배 지붕으로 이루어진 차양을 건립하는 방법이다. 오늘날 창덕궁 금원 안의 연경당 서고인 선향재나 강릉 선교장의 사랑채인 열화당, 그리고 해남의 녹우당 같은 집에서 두번째 방법의 차양을 볼 수 있다.

처마 끝에 바로 다는 나무 차양은 이 집 사랑채에말고도 안채,

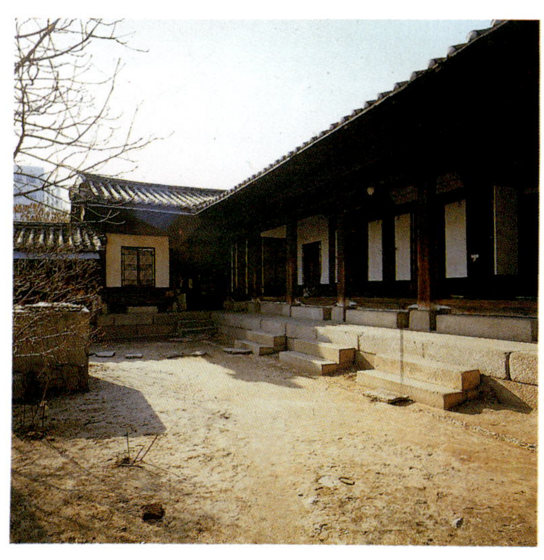

운현궁의 안채인 노락당과 거기에 맞물린 행랑으로 기단과 섬돌의 높낮이의 변화가 아름다운 구성을 이루면서 질서가 있다.

별당채에서도 두루 볼 수 있는데, 서까래 사이 또는 부연 사이에서 부터 긴 막대를 내 뻗히고 그 막대기들에는 네모 쇠고리를 끼워 부연 또는 서까래 끝에 얹힌 평교대에 부착시켜 안정시키고 있다.

열어 접어 거는 띠살문이 노안당 툇기둥 사이에 달렸는데, 이는 분명히 본 모습은 아니고, 적어도 그 몇칸에서는 툇간과 대청을 나누는 기둥들 사이에 달았다가 나중에 대청을 넓히려고 밖으로 물린 것이다.

안채와 사랑채의 사이에는 행랑이 동서로, 또 안채의 좌우 곧 동쪽과 서쪽에 또 다른 행랑이 남북으로 둘러쳐진 관계로, 안채 앞의 안마당은 네모지게 막혀 있다. 정면 아홉칸(앞에서 보아 기둥 이 열개임.), 측면 세칸의 장방형 평면을 이룬 이 안채는, 기단을 두벌장대로, 곧 사랑채나 별당채보다 더 낮게 쌓아 규모가 더 큰 이 안채의 높이를 그 다른 두채와 조화시키려 했던 의도가 엿보이 고, 네모뿔 꼴의 다듬은 주춧돌을 놓고, 네모기둥을 세워 굴도리를 얹어 서로 연결하였다. 사랑채에서처럼, 네모기둥의 모서리를 쌍사 모로 쇠시리하였고 기둥에는 주두를 놓고 기둥 웃몸에 익공을 내어 초익공으로 꾸몄다. 굴도리 밑에는 장혀를 두고 이를 소로 받침으로 받쳤다.

장방형 평면의 중앙에는 정면 세칸, 측면 한칸(두칸 너비)의 대청 을 두고, 전면에 반칸 폭의 퇴를 두어 개방하고 뒷면에도 복도로 쓰이는 툇간을 두었다. 또 대청의 바른쪽 곧 동쪽에는 안방을, 그 왼쪽 곧 서쪽에는 건넌방을 두었다.

사랑채나 별당채보다 앞 뒤 폭이 넓어 칠량집인 이 안채는 여느 사대부집보다 대청의 간살이 더 넓고 기둥이 더 굵다. 대청과 툇마 루의 바닥은 우물마루로 일반적인 예를 따랐으나, 천장은 마룻보, 마룻도리, 서까래 들이 노출되는 연등천장이 아니고, 대들보 사이에 널을 끼운 귀틀을 짜 넣은 우물반자로 마무리되었다. 특히 이 우물

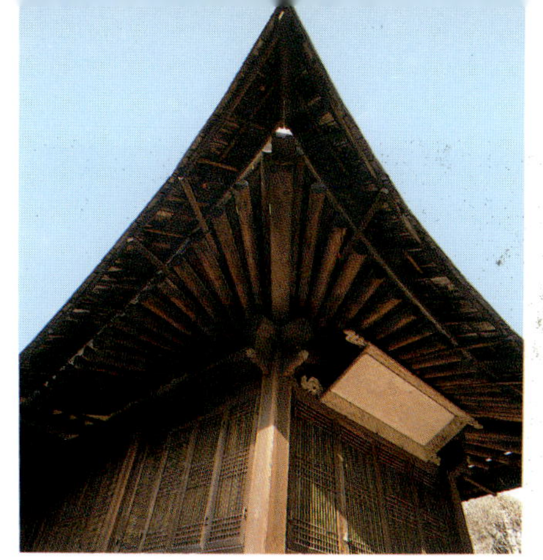

운현궁의 사랑채인 노안당의 누마루 처마. 서까래 끝에 부연이 없이 곧바로 두자 너비의 빗물과 햇볕을 막는 나무 차양이 달렸다. 운현궁의 나무 차양은 아마도 이 나라 전통 건축물에 남아 있는 유일한 나무 차양의 보기일 터이다.(왼쪽)
안채인 노락당 처마의 기역자로 꺾여진 부분. 굴도리 위에 둥근 서까래가 얹혀 있고 부연 끝에 나무 차양이 달려 있다. 굴도리를 받고 있는 네모지게 보이는 것들이 소로이고 소로를 받고 있는 나무가 창방이다 기둥머리에 튀어나와 보이는 것이 주두와 익공이다.(아래)

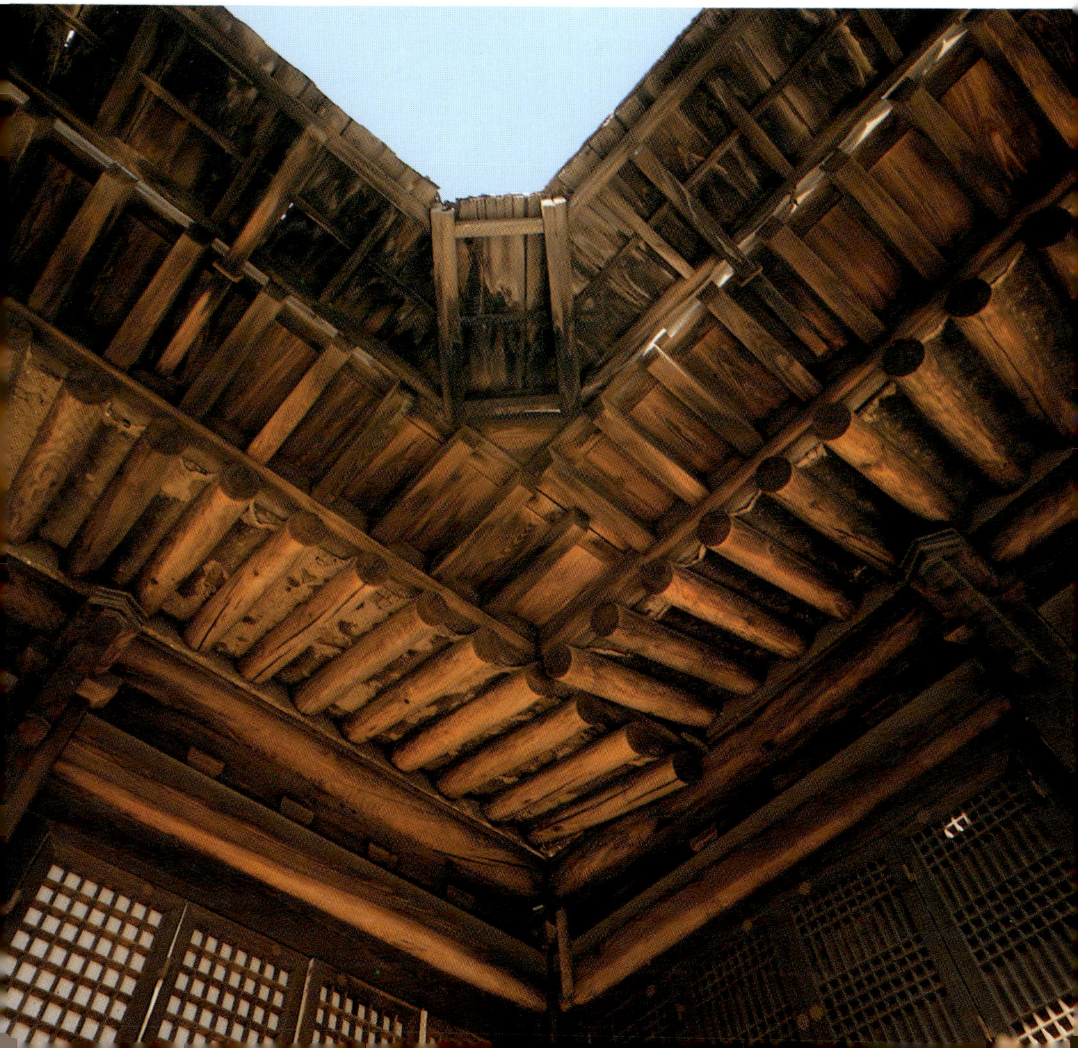

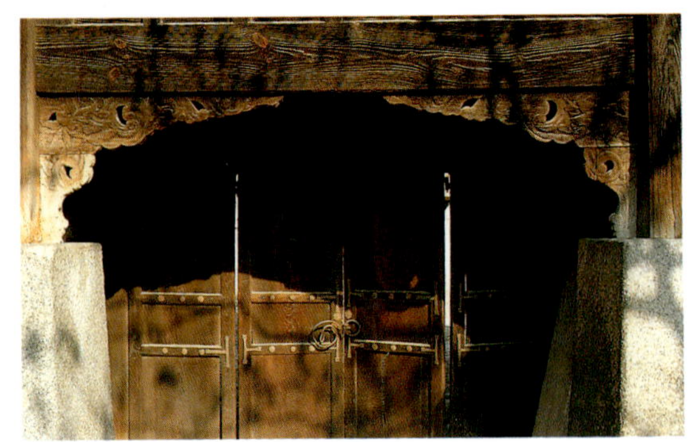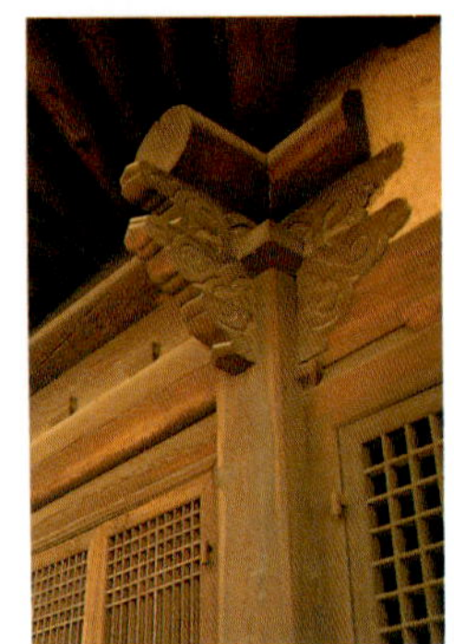

반자의 귀틀은 종이로 쌓아 바른 것이고, 귀틀 사이로 여러 네모
천장판에는 전라도 담양에서 만드는 채상처럼 댓살로 걸어 자잘한
꽃무늬를 놓은 "죽석" 같은 것을 발랐으니 화려하기 그지없으나
우람한 칠량집의 대들보와 종보 같은 것들이 적어도 부분적으로
가리워진 것만은 아쉽다.

대청의 전면과 앞 양옆 온돌방 쪽에는 접어 열어 드는 분합들을
달았고, 이들을 들어 고정시키는 들쇠들이 툇도리와 대청 안 천장
좌우에 늘어져 있다. 대청의 뒤쪽으로는 기둥 사이마다 네짝의 문을
두짝씩 접어 툇마루 열고 닫도록 달아 뒤 툇마루로 손쉽게 나갈
수 있게 하였다.

처마는 부연을 단 겹처마이고 지붕은 팔작 지붕인데, 이 안채도
나무 차양을 처마 끝에 달고 있다. 특히, 이 안채 뒷마당에는 아까
말한 맞배 지붕 차양을 따로 세웠던 여덟모 주춧돌이 네개 남아
있어, 옛모습을 짐작할 수 있으며, 맞배 지붕 차양이 햇볕말고 비바
람만을 가리기 위해서도 건립된 것임을 알 수 있다.

안채 뒤 곧 북쪽으로는 동쪽의 줄행랑으로 안채와 연결된 또 다른
채가 있는데 그 동쪽에는 온돌방을 두고, 그 서쪽에는 광을 두어,
북쪽에 깊숙히 자리잡고 있는 별당채인 이로당과 안채와를 서로

안채 뒤 북쪽으로는 별당채인 이로당이 있는데 이 이로당 동쪽 마당으로는 나무 계단
을 내어 안채 뒤의 좁은 마당에서 오는 답답함을 딴쪽에서 해소하고 있다. 이로당에
서 그 동쪽 마당으로 드나드는 행랑채 아랫부분의 대문이다.(왼쪽)
기둥 모서리 꼭대기에 얹혀 있는 것이 주두이고, 주두 옆으로 조각이 되어 튀어 나온
부분이 익공이며 주두와 익공 위로 니은자 지게 얹혀 있는 부분이 굴도리 대가리
곧 굴도리 끝이다. (오른쪽)
별당인 이로당을 정면에서 봤다. 세벌장대의 충계 위에 주춧돌을 놓고 그 위에 기둥
을 세웠다. 이 채는 안채의 북쪽 터에 자리잡고 있는데 전체로 보아 "ㅁ"자 꼴을
하고 있다는 홑처마 팔작 지붕에 차양이 덧대어졌다. (아래)

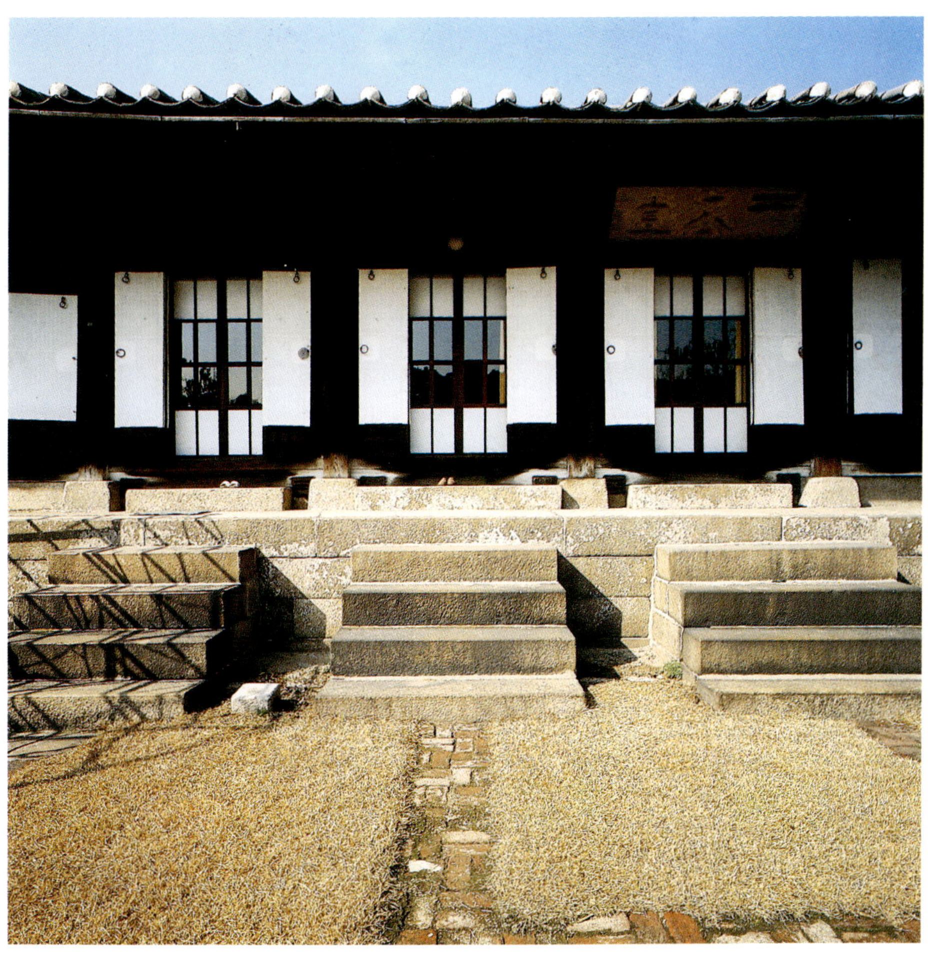

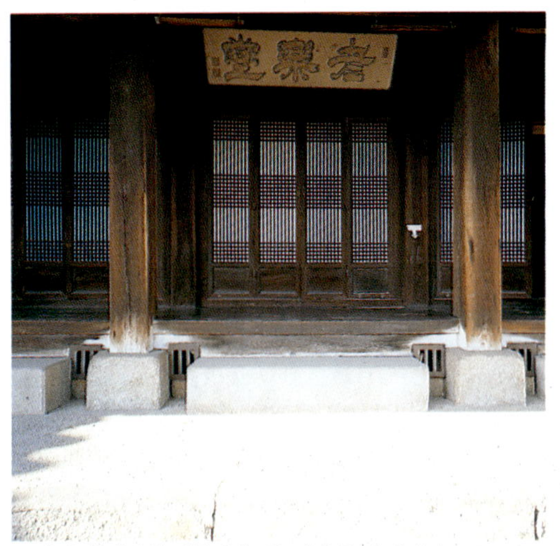

노락당의 지극히 아름다운 앞 툇마루 한칸이다.

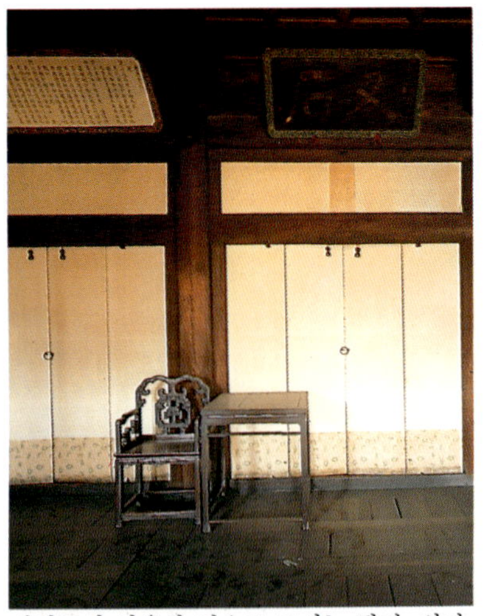

대원군이 사용한 것으로 보이는 탁자, 의자

격리시키고 있다. 이로당은 안채 뒤쪽에 있는 북쪽 터에 자리잡고 있는데, 그 중심 축은 안채, 사랑채를 잇는 중심 축에서 서쪽으로 비껴 있다. 뒤로 "ㄱ"꼴의 부속 건물을 덧대어 지어 전체로 보아 "ㄷ"자 꼴을 하고 있다.

처마는 부연을 달지 않은 홑처마이고 지붕은 팔작 지붕인데, 이 별당채의 처마에도 차양이 덧달아 대어졌다. 이 별당채도 중간에 손을 본 것이어서 대청과 툇마루를 가르던 문이 툇마루 쪽으로 밀려 났다. 일정 시대부터 많은 한옥이 그리 바뀌었듯이, 문으로 닫는 집안 공간을 늘리려는 시도로 그랬을 것이다. 정면의 밑인방 곧 툇마루 턱 아래에 덧대어 가로 지른 나무와 기단과의 사이는 장대석 디딤돌을 놓았는데, 툇마루 밑이 가려지고 남는 양쪽 주춧돌 옆의 구멍은 구멍 뚫린 네모 철판을 끼워 툇마루와 대청 밑의 통풍 길을 텄으며, 철판의 구멍은 팔괘의 모양을 이루고 있음이 눈길을 끈다.

이로당의 동쪽에 붙어 남북으로 길게 뻗어 이로당을 아까 말한

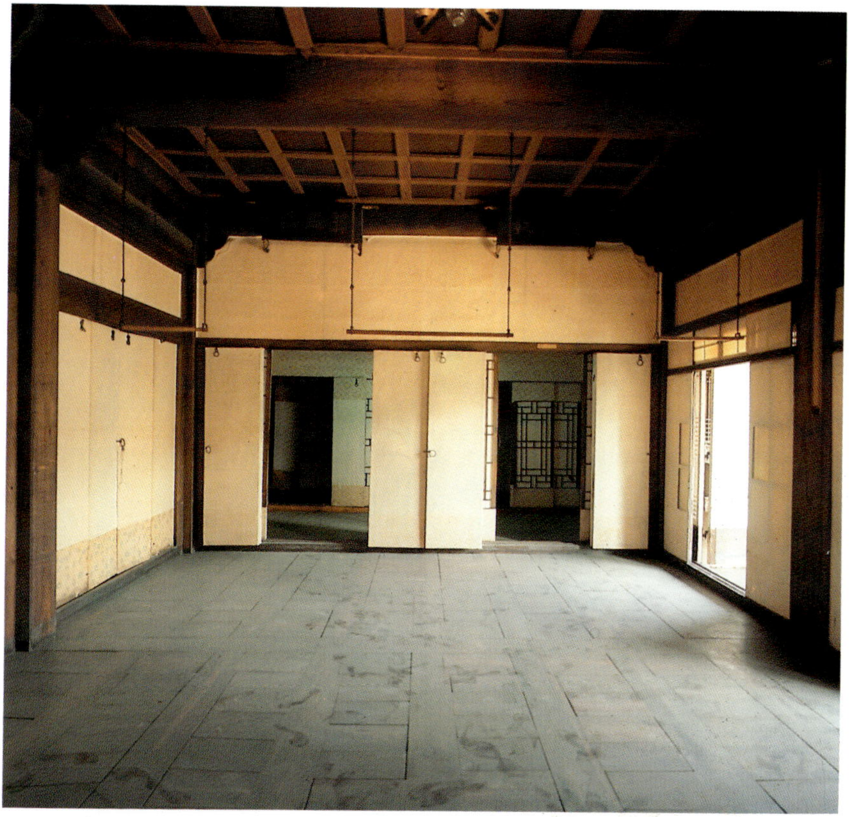

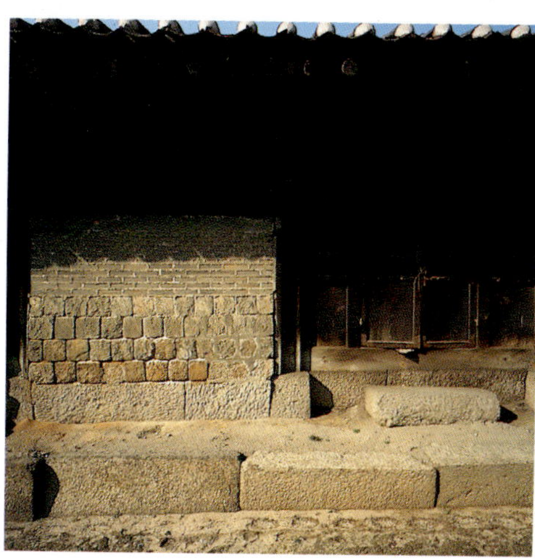

노락당의 세칸 대청의 일부. 멀리 보이는 방이 안방이다. 오랫동안 사용되지 않았던 이 대청마루는 본디 그 바닥이 거울 같았을 터이다.(위)

행랑의 화방벽. 주춧돌 높이의 장대석 위에 사고석을 여러 켜 쌓고 그 위에 높이가 점점더 좁아지는 벽돌을 얹었다.(왼쪽)

그 또 한채—그래서 마침내는 안채—와 연결시키는 행랑의 한 주간
곧 두 기둥 사이는 상부는 다락으로 앞뒤 채를 연결하는 마루이고
아래는 두짝 판문을 달아 별당채 동쪽 옆마당으로 출입하는 통로가
되었다. 이 주간의 지붕은 한층 더 높이었고, 조각한 판이 머름의
안방 밑에 붙어 치장이 되었다. 이로당의 동쪽 마당 쪽으로는 눈썹
마루 끝에 평난간이 설치되었고, 기둥과 난간의 띠장, 머름의 밑인방
이 서로 물리는 곳에 무쇠 장석이 대어져 보강된 것은 한국 전통

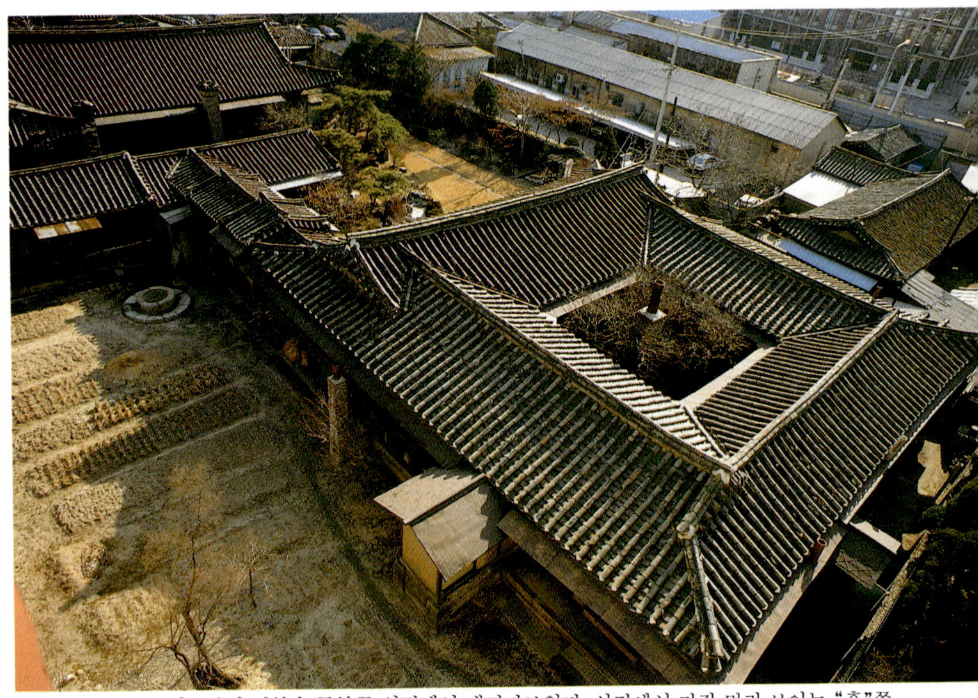

이로당의 지붕을 동북쪽 언덕에서 내려다보았다. 사진에서 가장 멀리 보이는 "흙"쪽
이 정면이다. 이로당 앞마당에 괴석을 담아 놓은 석함들이 보이고 옆마당에는 우물이
둥글게 화강석으로 틀을 메우고, 중앙에 반원형 석재를 서로 맞물리어 원형의 우물통
을 형성하여 만든 것으로 전통 우물의 실례가 된다.

주택에서 이음과 맞춤이 보강되는 하나의 실례로서 주목된다.

운현궁에서 한국 전통 정원의 모습을 얼마쯤 찾아 볼 수 있는데 첫째는 안채 노락당 안마당과 이로당 기단 아래의 네모 석련지에서 찾을 수 있다. 또 이로당 앞마당에 괴석을 담아 놓은 석함들이 보이는데 칠십년대까지 있었던 흥선 대원군의 난초가 새겨진 석함은 딴 데로 옮겨져 볼 수 없다.

특히 이로당 동쪽 옆마당에 있는 우물은 둥글게 화강석으로 틀을 메우고, 중앙에 반원형 석재를 서로 맞물리어 원형의 우물통을 형성하여 만든 것으로 전통 우물의 귀중한 실례가 되는 것이다.

끝으로 한 가지 부언할 것은 줄행랑의 벽체 마무리이다. 장대 기단 위에 네모뿔 꼴의 주춧돌을 놓고, 기둥 사이에 장대석을 주춧돌 높이로 눕히고, 그 위에 사고석을 쌓아 올리고 사고석 위에는 벽돌을 쌓아 올린 이른바 방화장을 둘렀는데, 위로 올라갈수록 사고석과 벽돌의 길이와 높이가 짧아지고 낮게 됨으로써 시각적으로 "점이" 현상 곧 서양 사람들이 그러데이션이라고 부르는 현상을 이루어 보기에 믿음직스럽고 아름다운 리듬을 형성하고 있음을 볼 수 있다. 이러한 솜씨는 이제 창덕궁 낙선재나 자하문 밖의 대원군 별장 같은 데에서나 드물게 찾아볼 수 있다.

전체적으로 볼 때에 운현궁은 지극히 잘, 아름답게 지은 집들로 구성되어 있다. 조선 왕조 말기에 온 나라를 호령하고 산 임금의 아버지로서, 게다가 난초 그림과 글씨로 이름을 날렸듯이 예술 감각이 빼어난 눈썰미를 지닌 선비로서, 대원군이 스스로 살 집으로 온 나라에서 좋은 재목을 골라 와 솜씨있는 목수의 치목과 스스로의 감독으로 지었다 할 집들을 여기에서 살핀 것들이다. 조선 시대의 빼어난 궁집이자 대원군의 저택인 집으로는 현존하는 유일한 건축물인 이 집들은 조선 시대 목조 건축의 여러 세부 사항을 아직도 아주 자상히 찾아 볼 수 있는 중요한 보물이다.

빛깔있는 책들 203-13

집 꾸미기

글	—뿌리깊은나무
사진	—뿌리깊은나무
발행인	—장세우
발행처	—주식회사 대원사
주간	—박찬중
편집	—김한주, 조은정, 황인원
미술	—차장/김진락
	김은하, 최윤정, 한진
전산사식	—김정숙, 이규헌, 육양희

첫판 1쇄 —1990년 2월 15일 발행
첫판 6쇄 —2003년 9월 30일 발행

주식회사 대원사
우편번호/140-901
서울 용산구 후암동 358-17
전화번호/(02) 757-6717~9
팩시밀리/(02) 775-8043
등록번호/제 3-191호
http://www.daewonsa.co.kr

이 책에 실린 글과 그림은, 저자와 주
식회사 대원사의 동의가 없이는 아무
도 이용하실 수 없습니다.

잘못된 책은 책방에서 바꿔 드립니다.

값 13,000원

Copyright© 1990 by the Deep-rooted
tree Publishing House

ISBN 89-369-0079-X 00540
ISBN 89-369-0000-5(세트)

빛깔있는 책들

민속(분류번호 : 101)

고미술(분류번호 : 102)

불교 문화(분류번호 : 103)

음식 일반(분류번호 : 201)